岩溶峰丛洼地
植被生态需水计算及案例解析

吴卫熊　吴建强　何令祖　王敏　黄凯　谭娟　等　著

U0264583

中国水利水电出版社
www.waterpub.com.cn
·北京·

内 容 提 要

　　本书以广西壮族自治区田东县和凤山县为例，详细介绍了典型岩溶峰丛洼地地区植被生态需水的计算方法。主要内容包括峰丛洼地地区植被生态需水计算方法体系构建、典型峰丛洼地区植被生态需水参数现场观测、典型峰丛洼地区植被生态需水定量评估、不同时空大尺度峰丛洼地植被生态需水模拟、对策与建议等。

　　本书适合峰丛洼地区水利技术人员参考，也适合该领域的管理、设计、研究等相关人员及高校师生参考。

图书在版编目（C I P）数据

　　岩溶峰丛洼地植被生态需水计算及案例解析 / 吴卫熊等著. -- 北京：中国水利水电出版社，2017.3
　　ISBN 978-7-5170-5245-6

　　Ⅰ. ①岩… Ⅱ. ①吴… Ⅲ. ①岩溶区-森林植被-需水量-研究 Ⅳ. ①S718.54

　　中国版本图书馆CIP数据核字(2017)第059371号

书　　名	岩溶峰丛洼地植被生态需水计算及案例解析 YANRONG FENGCONGWADI ZHIBEI SHENGTAI XUSHUI JISUAN JI ANLI JIEXI
作　　者	吴卫熊　吴建强　何令祖　王敏　黄凯　谭娟　等　著
出版发行	中国水利水电出版社 （北京市海淀区玉渊潭南路 1 号 D 座　100038） 网址：www.waterpub.com.cn E-mail：sales@waterpub.com.cn 电话：(010) 68367658（营销中心）
经　　售	北京科水图书销售中心（零售） 电话：(010) 88383994、63202643、68545874 全国各地新华书店和相关出版物销售网点
排　　版	中国水利水电出版社微机排版中心
印　　刷	北京瑞斯通印务发展有限公司
规　　格	140mm×203mm　32 开本　4.125 印张　110 千字
版　　次	2017 年 3 月第 1 版　2017 年 3 月第 1 次印刷
印　　数	0001—1000 册
定　　价	28.00 元

《岩溶峰丛洼地植被生态需水计算及案例解析》编委会

核 定：闫九球

审 核：李桂新　李　林　黄沈发　郭晋川　黄旭升

编 写：吴卫熊　吴建强　何令祖　王　敏　黄　凯
　　　　谭　娟　阮清波　王　卿　黄宇驰　张廷强
　　　　阮俊杰　苏冬源　刘宗强　吴　健　唐　浩

前　言

　　峰丛洼地是锥状喀斯特地貌的典型代表，也是湿热带喀斯特区最重要的一种地貌景观类型。峰丛洼地主要分布于世界低纬度湿热带、亚热带气候区，在我国南方尤分布广泛、发育典型。这种地貌生态比较恶劣，综合治理难度大。开展峰丛洼地生态需水等相关方面的研究，为峰丛洼地综合治理提供技术支撑显得越来越重要。

　　为了充分了解峰丛洼地植被生态需水规律，作者在广西典型峰丛洼地的凤山县和田东县各选择一个示范区，开展了长达3年的调查、研究和分析，经过总结后，编写成本专著。

　　全书共分6章，包括绪论、峰丛洼地区植被生态需水计算方法体系构建、典型峰丛洼地区植被生态需水参数现场观测、典型峰丛洼地区植被生态需水定量评估、不同时空大尺度峰丛洼地植被生态需水模拟、对策与建议等内容。

　　本书的出版，得到了广西水利科技项目：广西峰丛洼地区水资源综合利用技术研究（任务书编号：201418、201517、201612）的资助，作者表示衷心的感谢！

　　由于作者水平有限，书中缺点和错误在所难免，恳请读者批评指正。

作者
2016 年 12 月

目 录

前言

第一章 绪论 ……………………………………………… 1

第一节 生态需水的理念与内涵 ……………………… 1

第二节 研究峰丛洼地生态需水的目的和意义 ………… 3

第三节 国内外研究进展及发展趋势 ……………… 5

第二章 峰丛洼地区植被生态需水计算方法体系构建 ……… 9

第一节 植被生态需水计算方法概述 ……………… 9

第二节 峰丛洼地区植被生态需水计算方法体系 ……… 12

第三章 典型峰丛洼地区植被生态需水参数现场观测 ……… 18

第一节 区域概况 ………………………………… 18

第二节 研究区域植物组成特征 …………………… 22

第三节 现场观测样地设置 ………………………… 33

第四节 指标观测方法 ……………………………… 35

第五节 观测结果分析 ……………………………… 37

第四章 典型峰丛洼地区植被生态需水定量评估 ……… 48

第一节 不同植被生态需水定额测算 ……………… 48

第二节 典型区域植被生态需水定量评估 ………… 62

第三节 植被生态需水影响因子分析 ……………… 76

第五章 不同时空大尺度峰丛洼地植被生态需水模拟 ……… 79

第一节 峰丛洼地植被生态需水预测模型构建 ……… 79

第二节 不同时空尺度区植被生态需水的预测 ……… 82

第三节 区域景观格局对植被生态需水的响应 ……… 93

第六章　对策与建议 ………………………………… 98

附录　调查区域植物物种名录 ……………………… 101

参考文献 ……………………………………………… 108

第一章 绪 论

第一节 生态需水的理念与内涵

一、生态需水概念界定

目前，国际上关于生态需水仍没有统一的概念和明确定义。国外学者 Gleick 在 1996 年提出了基本生态需水的概念框架，即提供一定质量和一定数量的水给天然生境，以求最大程度地维持天然生态系统的过程，并保护物种多样性和生态整合性。国内学者关于生态需水研究的内容比较广泛，提出了许多关于生态需水的定义。广义来讲即指维持全球生物地理生态系统水分平衡所需用的水，包括水热平衡、生物平衡、水沙平衡、水盐平衡等所需用的水都是生态需水。狭义来讲，生态需水是为了维持生态系统的某种质量水平需要向生态系统不断地提供或保留的水量。有关学者通过对干旱区生态需水的研究认为，生态用水是指在干旱区内对绿洲景观的生存和发展及环境质量的维持与改善起支撑作用的系统所消耗的水分。

生态需水是一个具有生态、环境以及自然属性的概念，既反映了水生态系统的可持续性、水环境系统的承载能力，又反映了水生态系统支撑社会发展的能力。对于一个特定的生态系统，其生态需水量是动态的，存在一个闭值范围，具有上限值和下限值，超过上下限值都会导致生态系统的退化和破坏，生态需水量的大小取决于自然水体的功能、水资源数量、质量和时空分布特征以及水资源开发利用深度、社会科技发展水平以及人类对于生态环境保护的认知水平等诸多因素。

二、生态需水分类

认识生态需水的分类，有助于我们充分理解生态需水的内

1

涵，便于根据不同的生态需水类型选择相应的生态需水计算方法。根据国内外有关文献，生态需水主要包括以下几种分类：

（1）从空间尺度上分为广义生态需水和狭义生态需水。广义生态需水是指维持全球生物地理生态系统水分平衡所需要的水，包括水热平衡、水沙平衡、水盐平衡等所需要的水。狭义生态需水是指维持生态环境不再恶化并逐步改善环境所需要消耗的水资源总量。

（2）根据用水功能分为生态需水和环境需水。生态需水是指维护生态系统中具有生命的生物体水分平衡所需要的水量，包括天然植被、水土保持、水生生物等所需要的水量。环境需水是指为保护和改善人类居住环境所需要的水量，包括改善水质、维护河湖各种平衡、控制地面沉降以及美化环境等所需要的水量。

（3）根据生态需要和实际用水分配分为生态需水和生态用水。生态需水是指维持某种生态水平或维持某种生态平衡所需要使用的水量，是一个计算值。生态用水是某种生态水平实际分配的水量，是一个实际统计值，生态用水量可能由于水资源的短缺小于其生态需水量，也可能由于水资源不合理使用或丰沛大于生态需水量。

（4）根据生态需水的来源或者人类对水源的控制能力分为可控生态需水和不可控生态需水。可控生态需水是指非地带性植被所在系统天然生态保护与人工生态建设所消耗的径流量。不可控生态需水是指地带性植被所在系统天然生态保护与人工生态建设所消耗的不能形成径流的降水量。

（5）根据生态系统形成的原动力分为天然生态需水和人工生态需水。天然生态需水是指基本不受人工作用的生态所消耗的水量，包括天然植被和水域需水。人工生态需水是指由人工直接或间接作用维持的生态所消耗的水量，包括用于防风的人工林草需水、维持城市景观需水、农业灌溉抬高水位支撑的生态需水以及进行水土保持造林种草所需水量等。

（6）根据需水的空间位置可分为河道内生态需水和河道外陆

地与湿地生态需水以及维持景观、水上娱乐等环境需水。河道内生态需水包括维持水生生物生存、防止泥沙淤积、防止河流水质污染、防止海水入侵、防止河道断流、湖泊萎缩等所需要的最小径流量。河道外生态需水则主要是指维持河道外植被群落稳定所需的水量，维持景观、水上娱乐等。环境需水量是指为保持自然景观功能、绿地、水上娱乐面积和水环境的良好条件所需保持的水量，该部分水量随人类生活质量的提高而逐步增加。

（7）根据生态系统类型及功能可分为植被生态需水，又可细分为天然植被需水与人工林草需水，湖泊、水库、湿地以及重要河道生态需水，城市生态需水等，回补超采地下水生态需水以及供水系统的生态需水。

（8）根据生态适宜性理论可分为最高生态需水、合理生态需水、最低生态需水。最高生态需水是指可使植被生长良好，生态系统呈良性循环状态所需用水。合理生态需水是指可使植被生长状况较好，生态系统完整但处于一般发展过程所需用水。最低生态需水是指能满足相应植被生长，生态系统完整性较差但仍能维持，可满足植被可持续发展的最低要求。

（9）根据计算时间尺度可分为历史年份生态需水、现状年份生态需水以及未来年份生态需水。

总之，从维持生态系统平衡的角度来看，不同流域或区域生态需水量的组成由于其地理位置、水资源量和质、水资源时空分布等不同而有所差别，其生态需水量也不是上述各项生态需水量的简单线性加和，应根据其相互制约关系以及需要维持的生态目标和耦合效应来确定。

第二节　研究峰丛洼地生态需水的目的和意义

在全球湿热喀斯特区，发育着三大喀斯特地貌景观类型系列——锥状喀斯特（Cone karst）、塔状喀斯特（Tower karst）和针状喀斯特（Pinnacle karst）。峰丛洼地是锥状喀斯特的典型代表，也是湿热带喀斯特区最重要的一种地貌景观类型。峰丛洼地主要分布于世界低纬度湿热带、亚热带气候区，在我国南方尤分布广泛、发育典型。峰丛洼地不仅有正负地形的独特形态结构、水动力过程，而且还有着与湿热气候相关的发育演化过程和动力模式，因此也形成了其特殊的水文结构及水赋存特点。峰丛洼地形成的水动力过程并不是一个简单的水流渗透溶蚀过程，而是在一个地表、地下水耦合下的双重水文结构的强溶蚀-侵蚀动力过程，是在地表水网解体地下水系形成转化过程中的高速流场下的喀斯特水动力响应，是基面-径流-形态响应系统的阶段时态表现。峰丛洼地区生态系统较为脆弱，其独特的地貌特征以及复杂特殊的水文地质条件，对区域水资源的平衡配置、综合利用以及维持生态系统结构的健康和稳定，都带来了较大的困难。因此，研究峰丛洼地区生态需水及水资源的综合利用就显得尤为重要。

生态需水研究是实现水资源合理开发和优化配置的基础性工作，也是维持和改善生态系统、实现水资源永续利用的根本保障。在任何国家、任何地区，水资源都是一种重要的战略性资源。而且，随着社会经济的快速发展，对水资源的需求量都在不断增长，生活用水、生产用水与生态用水之间的矛盾也日趋突出。在传统经济发展模式驱动下，人类受最大功利化驱使，往往只注重生活用水、生产用水的开发与研究，而今随着可持续发展观念的深入和生态环境建设的需要，保护和恢复受损生态系统已经成为实现可持续发展的重要战略措施之一。生态需水研究在世界许多国家受到广泛关注，已成为目前生态学与水文学、水资源学研究的前沿热点。

从生态系统的角度出发，生态需水是指为维护生态系统的特定结构、生态过程和生态系统服务功能的需水量。生态需水的主体为生态系统，其内涵包括维持生态系统结构需水和维持生态过程与生态服务功能的需水。维持生态系统结构的需水指植被恢复、湿地重建和城市绿地需水等；维持生态过程与生态服务功能的需水指河流输沙排盐、回补地下水、污染物稀释和河流自净需水等。上述概念表明不同生态系统的生态需水均有其特定的形成机理，适用于特定的核算方法，必须从具体的生态系统的结构、过程和功能出发对生态需水进行研究，据此得到的计算结果将更接近于实际，并且更易于应用。

生态需水估算方法归纳起来主要涵盖两个方面：一是河流生态需水即河道内生态需水；二是陆地生态需水即河道外生态需水，主要是植被生态需水。植被生态需水估算应根据各种植被生态类型的需水特点，结合区域特征、地形地貌、气候条件、植被构成等内容来进行选择和确定。目前对于植被生态需水的计算方法多种多样，一般而言，可包括直接法、间接法、修正后的彭曼公式法和遥感技术法等，也可以多种方法相结合。采用直接法可以精确地进行较小尺度或典型区域的植被生态需水量计算，而遥感技术法则可以在直接法的基础上，进行大尺度范围的植被生态需水量的确定。

我国植被生态需水研究主要局限于西北和华北干旱半干旱、半湿润地区，西南岩溶峰丛洼地区的植被生态需水量尚未提上议事日程，而广西壮族自治区的岩溶峰丛洼地区，水文地质条件特殊、地形复杂破碎、岩溶发育强烈、生态系统脆弱，植被生态需水问题在局部地区十分突出。本书以广西岩溶峰丛洼地区为研究案例，提出峰丛洼地区的植被生态需水量计算方法，进行区域植被生态需水量的估算和预测，为建立广西峰丛洼地水资源综合利用技术体系和优化配置区域生态需水、经济需水和灌溉用水等提供技术支持和理论依据。

第三节　国内外研究进展及发展趋势

国外对生态需水研究始于 20 世纪 40 年代。美国鱼类和野生动物保护协会对河道内流量进行研究，并于 1971 年利用河道内流量法计算了河流的基本流量。随着人们对景观旅游业和生物多样性保护的重视，又提出了景观河流流量和湿地环境用水以及河流入海口生态需水的概念。20世纪70年代后期，河道内流量增加法的出现，使得河道内流量分配方法趋于客观，该法也成为在北美洲地区广泛应用的方法，形成了生态需水研究的雏形，用来评估流量变化对鲜鱼栖息地等的影响。20世纪90年代以后，开展了水资源和生态、环境的相关研究后，生态需水量研究才正式成为全球重点关注的焦点问题之一。

Petts于1988年和1996年分别在其专著中大篇幅地深入阐述了生态需水问题。Rashin等指出为保证水资源的持续利用，必须预留足够的水量来保护河流、湿地、湖泊等生态系统的健康，保证河流、湖泊娱乐航运等功能的最小需水量。法国在1992年颁布水法来保证水资源的统一管理和保护，明确将河流最小生态需水放在仅次于饮用水的优先地位。英国环境部在2001年《面向未来的水资源》的报告中，对未来25年英国的环境需水和社会需水进行了分析，提出了30个行动方案措施。近年来，为了促进水文水资源研究，国际间加强了合作，建立了FRIEND（Flow Regimes from International Experimental and Network Data Sets）行动计划。该组织很快扩展到欧洲、西非、中非、北非、地中海地区、中亚、印度及南亚等地区和国家，为这些地区和国家的生态需水做了许多研究工作，对流域生态需水量的研究起到了巨大的推动作用。另外，生态需水研究的范围不再局限于河流生态系统类型，也扩展到了其他生态系统类型，管理者和决策者也逐渐认识到生态需水管理的重要性与迫切性。

国内学者对生态需水的研究起步较晚。原国家地质矿产部兰州水文地质与工程地质中心在开展地矿部"六五"攻关计划"河西走廊地下水评价与合理开采利用规划"时，针对地下水水量平衡原理，提出了生态用水的水量消耗项。20世纪70年代末我国开始探讨河流最小流量问题，主要集中在河流最小流量确定方法的研究方面。20世纪80年代，针对水污染日益严重的问题，国务院环境保护委员会《关于防治水污染技术政策的规定》指出在水资源规划时，要保证为改善水质环境所需的环境用水。这主要集中在宏观战略方面的研究，对如何实施、如何管理尚处于探索阶段。在 20 世纪 80 年代末期，汤奇成在分析新疆塔里木盆地水资源与绿洲建设问题时提出了"生态用水"问题，以新疆地区为背景，论证了新疆生态环境用水的必要性，并界定了计算生态用水的范围：一是指对一些重要的湖泊进行补水，不主张对干旱区所有萎缩和干涸的湖泊进行补水；二是人工造林及人工草场的用水，以土地沙漠化的面积不再扩大为原则。2001 年，中国工程院组织 43 位院士和近 300 位院外专家参加完成的《中国可持续发展水资源战略研究综合报告》对全国的生态环境用水进行了初步估算，其总量为 800 亿～1000 亿 m^3，主要集中在黄淮海和内陆河流域。王礼先等系统地分析了西北地区生态环境用水的计算方法及生态环境用水的内涵，预测了 2030 年生态环境建设用水的数量。王丽霞根据延安市各气象站点连续 30 年的气象资料和各土肥站连续 10 年的土壤含水率实测资料，通过经验模型、实地观测和空间分析相结合的方法，提出了干旱半干旱地区植被-土壤复合系统最小生态需水量、适宜生态需水量和饱和生态需水量三种阈值模式较为准确的计算方法，并从时空角度分析评价区域生态需水量和生态缺水量。

综上所述，目前国内外关于生态需水的研究尚处于探索阶段，还没有切实可行的理论依据。从目前的研究现状看，生态需水是水资源研究的重要发展趋势，也是生态环境建设需要解决的重大问题，尤其是在缺水区域。今后该领域的发展趋势主要集中在以下方面：

（1）研究切入点从生态需水概念的界定和生态需水的分类，向区域性生态需水总量的估算方面发展。

（2）从单纯计算生态需水量，向生态需水对生态系统稳定性的影响评价方面发展。

（3）从生态现状评价，向生态状况合理性分析和生态保护目标的研究发展。

（4）从单株植物耗水量实验结果的"点"尺度问题，向生态需水计算的"面"尺度转换。

（5）从生态自然耗水向人工合理调配高效耗水方面发展。

本书也将在这些方面进行一些尝试性的探索，对广西岩溶峰丛洼地区域生态需水量进行估算并进行空间对比分析，依据可持续发展的生态观点确定广西岩溶峰丛洼地区域生态建设的模式。

第二章　峰丛洼地区植被生态需水计算方法体系构建

第一节　植被生态需水计算方法概述

人类活动用水对生态系统需水量的挤占已经成为生态环境退化的一个主要原因。基于这样的认识，从生态环境保护以及水资源合理配置角度出发，生态需水研究已经成为国内外地球科学领域普遍关注的一个热点问题，也是生态水文学研究的重要课题。从目前的研究现状看，基于不同的研究目标，对生态需水的认识不同，提出的概念也有所差别，相应的生态需水的计算方法也缺乏明确的理论体系，并且在实践中有很强的不确定性。生态需水的计算方法主要有面积定额法、潜水蒸发量法、植被耗水模式法、土壤湿度法、基于生物量的生态需水估算、基于 RS 和 GIS 的区域生态需水方法、基于生态经济理论的生态需水方法。

一、面积定额法

面积定额法即直接计算法，其计算基本步骤是先划分研究区的植被类型，并确定其范围和面积，然后再根据不同植被类型的生态需水定额计算该地区植被的生态需水总量。其计算公式为

$$E_v = \sum E_{vi} = \sum A_i r_i \qquad (2-1)$$

式中　E_v——天然植被生态需水量；

　　　A_i——植被类型 i 的面积；

　　　r_i——植被类型 i 的生态需水定额。

植被生态需水定额的确定方法大致可以概括为水文学法、微气象学方法能量平衡法、空气动力学法、能量平衡-空气动力学综合法、涡度相关法、红外遥感法、植物生理学法快速称量法、气孔计法、风调室法、染色法、同位素示踪法、热脉冲与热平衡

法、干物质法、伐树技术等、队模拟方法、气候学计算方法等。面积定额法是目前确定生态需水量最常用的方法，主要适用于基础工作较好的植被类型，如防风固沙林等，但该方法存在的主要问题是植被生态需水定额大小的确定。在试验地实验得到的植被生态需水定额在实际应用中，由于下垫面因素、水文参数等的空间变异性影响，不同尺度的生态需水规律存在差异，而这种规律不是简单的线性叠加或外延。

二、潜水蒸发量法

潜水蒸发量法又称间接计算法，该方法利用潜水蒸发量的经验与半经验估算方法如阿维里扬诺夫公式、沈立昌公式来推算植被生态耗水量。具体计算方法是以某种植被类型在某一地下水位的面积乘以该地下水位的潜水蒸发与植被系数，得到其生态需水量。该方法是干旱区生态需水量计算较常用的方法之一，其计算公式为

$$E_v = \sum E_{vi} = \sum A_i E_i K_{ri} \qquad (2-2)$$

式中　E_i——植被类型 i 在某一潜水埋深下对应的裸地潜水蒸发量；

　　　K_{ri}——植被类型 i 在某一潜水埋深下的植被系数。

当潜水蒸发量等于植被蒸腾与棵间土面或林下地被蒸发量之和时，才可以利用潜水蒸发公式间接计算植被生态需水量，处于这种状态时地表的蒸发强度稳定，土壤剖面的含水率不随时间发生变化，选择该计算方法时必须首先考虑该条件是否满足。从理论上讲，对于河道外生态需水的估算，潜水蒸发量法是一个可行的方法，但是由于实际蒸散发计算的困难，由这种方法得到的结果还有相当的不确定性，另外生态需水还受植物特征、土壤水、气象等其他多种因素的影响，如果只考虑蒸散发因素，估算结果将会出现较大的偏差。

三、植被耗水模式法

植被耗水模式法即采用经实验获得的典型植被的水分消耗规

律，确定不同植被类型在不同地下水位分布区的植被耗水模式，将其推广到整个研究区域来估算生态需水量，该方法被广泛应用于干旱内陆地区域。

植被耗水模式法以干旱区典型植物为对象进行的个体或群丛水分耗散机理观测的实验结果来分析干旱区域植被的生态需水量，不仅存在尺度转换以及空间异质性的问题，而且也不能代表实际存在的各种生态系统对水资源的不同需求特性。

四、土壤湿度法

土壤湿度法适用于同一地区或降水量、土壤质地相近区域的植被需水量估算。我国牧区主要集中在西北干旱半干旱地区，气候干燥、土壤蒸发量大，多数时段土壤水分不能满足蒸腾耗水，草地耗水受土壤水分限制，该方法适合在此条件下使用，但该方法受土壤质地和地域条件的限制。

五、基于生物量的生态需水估算

对不同的生态系统而言，水分利用效率各不相同，也就是说单位水量所生产的干物质量有所差别。因此，根据生态系统的水分利用效率，可采用生物量方法计算生态需水，即用生物生产量及其水分利用率来确定生态需水，其计算公式为

$$E = \sum A_i Q_{nppi} \mu_i \tag{2-3}$$

式中　A_i——i 类植被利用面积；

　　Q_{nppi}——i 类植被的净第一性生产力，即单位面积、单位时间内干物质的重量；

　　μ_i——i 类植物水分利用系数，表示单位土地面积上生产的干物质与蒸散耗水之比。

生物量的估计应包括根、径、叶等，但在目前研究中一般仅考虑地上部分，而对地下部分的估算则略显不足。由于生物量的估算较为困难，水分利用效率的数据也难以获取，因此，该方法的应用局限性很大，但该方法却从另外一个角度提供了计算生态需水的途径，特别是随着遥感技术在生物量估算中的应用，该方

法有相当大的应用前景。

六、基于 RS 和 GIS 的区域生态需水计算方法

该方法的主要思路是首先利用 RS 和 GIS 技术对研究区域进行生态分区，建立起生态分区与水资源分区的空间对应关系。其次，利用提供的流域土地利用信息，确定生态需水计算的不同植被类别的范围。最后，通过不同类别范围内不同植被类型的蒸散发计算确定河道外生态需水地带性和非地带性植被的生态需水，利用水资源分区的水量收支平衡控制来估算生态需水量。

该方法适合于较大区域范围内的生态需水量计算，但却存在工作量较大的问题。另外，该方法涉及很多的相关知识和技术如进行植被第一性生产力测定等，所用数据也非常多，实际应用较为复杂。

七、基于生态经济理论的生态需水计算方法

上述几种确定生态需水的方法主要是用于确定最小生态需水量，其目的是保证生态系统功能不再退化。由于生态系统功能与价值是统一的，所以保护生态系统功能不再退化也是保护生态价值不再降低。根据生态价值所确定的生态需水量可以更合理地反映出不同地区水资源对维持生态系统健康的重要性，其基本思想是分别确定生态需水量与生态价值的关系曲线和经济用水量与国民生产总值的关系曲线，并在这两条曲线中寻求生态需水的平衡点。

第二节 峰丛洼地区植被生态需水计算方法体系

根据上述植被生态需水计算方法的对比，结合广西峰丛洼地区的实际特征，从局部尺度和大尺度两个层面，分别确定该区域适宜的植被生态需水计算与模拟方法。

一、局部尺度植被生态需水计算模型

（一）植被蒸散定额

植被生态系统作为植被-土壤复合的综合系统，在无人类干

扰的情况下，水量平衡关系式为

$$R=\left[(W_t-W_{t+1}+P)\frac{A}{1000}\right]-ET \qquad (2-4)$$

式中　W_{t+1}——t 时段末期土壤储水量；

$\quad\quad W_t$——t 时刻初期土壤储水量；

$\quad\quad P$——该时段降水量；

$\quad\quad R$——该时段研究区域的径流量（包括地表径流和地下径流）；

$\quad\quad A$——研究区域面积；

$\quad\quad ET$——该时段研究区域植被的蒸散量，包括植被蒸腾和土壤蒸发。

$$ET=(ET_q)A/100 \qquad (2-5)$$

式中　ET_q——植被的蒸散定额。

采用国际通用的 Penman - Monteith 公式来计算植被的蒸散定额。

$$ET_q=K_sK_tET_0 \qquad (2-6)$$

式中　K_t——植被生态耗水系数，即植被最大需水量与潜在耗水量的比例系数；

$\quad\quad K_s$——土壤水分调节系数；

$\quad\quad ET_0$——植被潜在蒸散量。

（二）植被生态耗水系数

采用式（2-7）计算植被生态耗水系数：

$$K_t=MDVI\times k \qquad (2-7)$$

式中　$MDVI$——植被覆盖度；

$\quad\quad k$——植被生态耗水校正系数。

（三）土壤水分调节系数

采用 Jensen 公式计算土壤水分调节系数：

$$K_s=\ln\left[\frac{S-S_w}{S^*-S_w}100+1\right]/\ln101 \qquad (2-8)$$

式中　S——土壤的实际含水量；

S_w——土壤凋萎含水量；

S^*——土壤临界含水量，一般为田间持水量的70%～80%。

$$S_w = f(1.34 \sim 1.5) \tag{2-9}$$

式中　f——土壤吸湿系数。

土壤吸湿系数及田间持水量均需现场采样后测量。

（四）植被潜在蒸散量计算

采用 Penman - Monteith 公式进行潜在蒸散量的计算：

$$ET_0 = \frac{0.408\Delta(R_n - G) + \gamma\dfrac{900}{T+273}U_2(e_s - e_a)}{\Delta + \gamma(1 + 0.34U_2)} \tag{2-10}$$

$$e_s = \frac{e^\circ(T_{\max}) + e^\circ(T_{\min})}{2} \tag{2-11}$$

$$e_a = \frac{RH_{\mathrm{mean}}}{100}e_s \tag{2-12}$$

$$e^\circ(T) = 0.6108\exp\left(\frac{17.27T}{T+273.3}\right) \tag{2-13}$$

$$U_2 = U_{10}\frac{4.87}{\ln(67.8 \times 10 - 5.42)} \tag{2-14}$$

$$\Delta = \frac{4098e_s}{(T+273.3)^2} \tag{2-15}$$

$$\gamma = 0.00163\frac{p}{\partial} \tag{2-16}$$

$$\partial = 2.501 - 0.002361T \tag{2-17}$$

$$p = 101.3\left(\frac{293 - 0.065H}{293}\right)^{5.26} \tag{2-18}$$

$$R_n = 0.77(0.248 + 0.752\frac{n}{N})R_{so} - \sigma\left(\frac{T_{\max}^4 + T_{\min}^4}{2}\right)$$

$$(0.56 - 0.08\sqrt{e_a})(0.1 + 0.9n/N) \tag{2-19}$$

$$G = 0.14(T_i - T_{i-1}) \tag{2-20}$$

以上式中　R_n——参考作物表面净辐射，MJ/(m² · d)；

　　　　　R_{so}——实际太阳辐射，MJ/(m² · d)；

　　　　　G——土壤热通量，MJ/(m² · d)，可忽略；

γ——干湿表常数，kPa·℃；

e_s——饱和水汽压，kPa；

e_a——实际水汽压，kPa；

U_2、U_{10}——地表 2m 和 10m 的平均风速，m/s；

Δ——饱和水汽压对温度曲线的斜率，kPa·℃；

T_{max}、T_{min}——最高和最低气温，K；

T——日平均气温；

n——实际日照时数，h；

N——最大日照时数，h；

σ——Stefan - Boltzmann 常数，取值为 4.903×10^{-9} MJ/(K^4·m^2·d)；

RH_{mean}——相对湿度，%；

H——海拔，m。

（五）植被生态需水

自然界中的植被生态系统不仅在蒸散发过程中需要大量的水分，在生长过程中也需要从土壤中吸收水分，这部分水称为生态非消耗水 SMC，其计算公式为。

$$SMC = W_q AH \qquad (2-21)$$

式中 W_q——一定土壤深度（H）的平均含水量。

土壤最小含水量应该是能够维持植被的生命和基本生长所需要的土壤含水量，当土壤实际含水量为暂时凋萎土壤含水量时，可以认为是最低的生态非消耗水量。

综合上述植被生态系统的蒸发散和维持植被生长的两部分水量，可以得出植被生态需水总量 EWQ：

$$EWQ = SMC + ET \qquad (2-22)$$

（六）植被生态需水分级

当土壤水分充足时，植被蒸散速率与土壤水分含量无关，植被蒸散速率取决于气象因素和植被类型，取值 1.0，在此情况下，实际蒸散量即为潜在蒸散量，也就是植被最大需水定额。研究表明，田间持水量的70%是比较适耕、适播的土壤含水量。根据土壤水分数量指标的划分，毛管断裂含水量是植被灌溉的下限，大致相当于田间持水量的65%左右。因此可将田间持水量的70%和毛管断裂含水量时的植被耗水量分别作为植被的适宜和最小生态需水量。具体含义见表2-1。

表2-1　　　　　　　　　　　植被生态需水等级

等　　级	生态含义
最小生态需水	维持植被基本生存
适宜生态需水	保证植被正常生长
最大生态需水	植被生长状况最佳，生产力最高

（七）植被生态缺水

植被生态缺水量是植被生态需水量与有效降水量之间的差值，反映了区域水分供给的实际状态，可以为水分分配和生态补水提供依据。

植被生态缺水量 Q 根据植被实际需水量与水分供给特征计算：

$$Q = ET_q - \alpha P \qquad (2-23)$$

式中　P——研究区实际的降水量；

　　　α——降雨入渗系数。

二、大尺度植被生态需水遥感反演

大尺度植被生态需水根据植被覆盖度与植被生态需水的耦合关系来进行反演。采用上述计算的局部尺度植被生态需水量，提取对应点位的植被覆盖度建立回归关系，然后根据区域植被覆盖度进一步反演大尺度的植被生态需水量。

区域植被覆盖度 $MDVI$ 的遥感反演如下：

$$MDVI = \frac{NDVI - NDVI_{\min}}{NDVI_{\max} - NDVI_{\min}} \qquad (2-24)$$

式（2-24）中，$NDVI_{\max}$ 和 $NDVI_{\min}$ 分别用研究区域最大和最小 $NDVI$ 代替。

$NDVI$ 为归一化植被指数（the normalized difference vegetation index，NDVI）。

$$NDVI = \frac{NIR - VIS}{NIR + VIS} \qquad (2-25)$$

式中　NIR——近红外波段的反射率；

　　　VIS——可见光波段的反射率。

越健康的植物，红光反射值越小，红外反射值越大，其比值越大。

第三章 典型峰丛洼地区植被生态需水参数现场观测

第一节 区 域 概 况

一、自然地理特征

广西喀斯特地貌类型中峰丛洼地最为发育，面积约 4.96 万 km², 占我国峰丛地貌面积的 40%，占广西岩溶面积的 51.13%，占广西国土面积的 21%，是我国岩溶地貌最典型、石漠化最严重的区域之一。

峰丛洼地由高低错落的连座山峰与封闭洼地组成，还发育着与地下管道相连的漏斗、落水洞、竖井等。有些部分沟谷切割剧烈，相对高差通常能达到 200~300m，一般石峰坡度在 50°以上，最大的特点就是具有封闭性，没有明显的谷口。从平面角度看，峰丛洼地地貌要素错落有致、规则排列，似网络状结构；从剖面结构来看，峰丛与洼地高低起伏，似波状曲线。

依据广西峰丛洼地高程差异、形态特征可将峰丛洼地分为 4 种基本类型，其分类见表 3-1。

表 3-1　　　　广西峰丛洼地类型特征及分布区域概况

类型	基 本 特 征		分布区域
高峰丛洼地	海拔	≥800m，基座高，山峰海拔 1000~1800m	广西西部地区的中山山地
	相对高差	150~250m，较小	
	洼地密度	0.9~2 个/1000m²	
	地下水	埋藏深度大	
	其他	间夹部分谷地	

类型	基 本 特 征		分布区域
低峰丛洼地	海拔	基座海拔＜800m，山峰标高为700～1100m	广西西北、西南、中部和东北部
	相对高差	200～500m	
	洼地密度	2～3个/1000m²	
边缘峰丛洼地	边界一部分与非岩溶山地连接，一部分与河流、谷地、平原连接，有外源水参与其演化		广西西北、西南、中部和东北部
岛状峰丛洼地	呈岛状散布于峰林平原或山地边缘，大小不超过1~2km²		主要在广西中部和东北部

资料来源：《广西通志·岩溶志》（广西人民出版社，2000）。

二、气候水文特征

广西峰丛洼地广泛分布于桂西、桂西北、桂西南及零散分布于桂中及桂东北地区，其气候特征大体上符合所在区域的气候特征。单从峰丛洼地本身来看，由于其独特的地形地貌结构而形成了特有的小生境，在热量、降雨、光照等气候要素方面表现出不同的特征甚至形成较大的差异，形成峰丛洼地小气候。

这一区域属中亚热带季风气候，雨热资源丰富但分布不均。年降雨量为1300～1500mm，70％的降雨均发生在4～9月，且大雨、暴雨频繁。峰丛洼地地形主要表现为四周挺拔的山峰，封闭其间的是较为平直的洼地，相对高差通常为200～300m，最高可达600m。该区域人地矛盾突出，人为干扰强烈，水土流失严重，生态环境恶化，植被覆盖率较低，加之土层浅薄，土壤入渗系数大，降水经地表快速地进入地下水，难以被地表植被吸收，生态缺水现象严重。田东县和凤山县现有峰丛洼地貌的区域面积分别为510.79km²和678.01km²，分别占各自县域总面积的18.19％和38.97％，是广西岩溶峰丛洼地的典型代表。

峰丛洼地具有独特的地表地下二元空间结构,该结构由地表的天窗、落水洞、漏斗及地下的溶洞、岩溶管道、地下河等组成。系统没有地表河溪,降水集中注入地下河系统,如遇阻塞极易形成内涝灾害。降水运移过程与植被覆盖和土被覆盖有着很大联系,石漠化严重的峰丛洼地更是表现出特殊的降水运移过程。

峰丛洼地环境的独特性赋予了石灰岩独特而复杂的成土过程,表现为"成土缓慢、土层薄厚差异大、不连续、易流失、地表土壤向地下迁移堆积"的特殊结果。目前大多数学者认为石灰岩土壤是由碳酸盐岩溶蚀后的不溶物残留风化堆积而成。峰丛是物质源区,洼地是物质汇区,形成了环带状的结构,从周围至中心形成了不同的土壤组成结构。土壤存在着较强的时空变异性,从峰顶、峰腰到垭口、洼地,不同部位土壤的物理化学性质也表现出明显的差异,加上植被覆被、人类活动的影响使得这种差异更加明显,表现出土壤养分、土壤水分等空间分布具有明显的差异。

广西岩溶区峰丛洼地发育着非地带性石灰岩亚热带落叶阔叶混交林,复杂多样的小生境条件下其植被表现多样。旱生、岩生和喜钙成为最主要的生态学特性,原本植被类型较为丰富,但大面积的喀斯特森林在人为干扰破坏下出现不同程度的退化,石漠化现象日益严重。特殊的地形地貌、水文地质结构,使得该区植被在生态系统平衡维持中成为非常重要的一个因子。

三、社会经济特征

广西岩溶峰丛洼地区县(市)贫困集中、经济发展普遍滞后、经济结构单一,与国内、区内其他地方相比较而言,不仅在总量上,而且在具体人均指标方面存在较大差距且愈加明显。据《广西通志·岩溶志》统计,峰丛洼地面积占岩溶地貌面积比例前十位的县市见表 3-2。2011 年全部为国家贫困县,2012 年除平果县外其余全部是国家贫困县,2010 年农民人均纯收入全部低于全区平均值，其中绝大部分县（市）差距在 1100 元以上，人均生产总值除平果县外全部低于广西平均值，经济发展普遍滞后。

表 3-2　　广西部分峰丛洼地地区县（市）经济状况一览表

县（市）	峰丛洼地		人均生产总值/元	与广西平均值差值	农民人均收入/元	与广西平均值差值
	面积/km²	占溶岩地貌面积/%				
都安县	5706.59	93.64	4974	−13576	3192.30	−1350.70
德保县	1565.15	93.48	15022	−3528	3363.20	−1179.80
天等县	1683.45	93.19	10997	−7553	4086.90	−456.10
田阳县	1182.06	93.14	16396	−2154	4046.60	−496.40
凤山县	709.09	91.95	8378	−10172	2943.90	−1599.10
凌云县	783.66	89.59	8009	−10541	2674.80	−1868.20
东兰县	1078.87	88.09	6785	−11765	2942.60	−1600.40
忻城县	2220.7	87.94	11167	−7383	4140.00	−403.00
平果县	1418.17	84.40	18932	382	3915.00	−628.00
靖西县	2512.16	80.48	14098	−4452	2973.70	−1569.30

注　据 2011 年《广西统计年鉴》《广西通市·岩溶志》整理制成。

受自然和经济条件的影响，广西岩溶地区社会发展相对滞后。人口多，农业人口比例大；人地矛盾尖锐，可持续发展能力弱，峰丛洼地广泛分布的一些地区地处偏僻、交通落后、通信不畅、工业发展困难，加之劳动力流出，社会经济发展受到严重影响。

本研究选择位于田东县真良村和凤山县弄雷屯的具有代表性的峰丛洼地作为典型研究区域，探索喀斯特地貌生态用水需求及生态保护研究，为西南岩溶峰丛洼地地区生态治理提供技术支撑，促进区域经济又好又快发展。

第二节　研究区域植物组成特征

一、调查方法

2015 年 1 月 19—23 日，在田东县和凤山县典型峰丛洼地研究区域真良村和弄雷屯，开展现场植被样方调查工作（图 3-1）。

图 3-1　现场样方调查

峰丛分别沿海拔垂直梯度，同时考虑坡度坡向变化，各设置 6 个调查点。在每个调查点附近设置 10m×10m 的植物样方，调查样方内所有乔木群落的物种组成、高度、盖度等特征；样方内设置两个 5m×5m 的小样方，记录小样方内灌木群落的物种组成、高度、盖度等特征；再设置两个 2m×2m 的小样方，记录小样方内草本群落的物种组成、高度、盖度等特征。同时记录每一个样方所在的海拔、坡度、坡向等环境因子。

洼地区域则主要按照人工种植植被的差异，每种植物分别设置两个 5m×5m 的样方，记录样方内植物群落的物种组成、高度、盖度等特征。

二、调查结果

（一）典型研究区域植物物种组成

统计可知，田东县真良村和凤山县弄雷屯典型研究区域共发现植物 160 种，物种名录见附录。根据"中国植被区划"，该研究区域为桂、黔石灰岩山地植被区域。区域地带性植被为亚热带南部季风常绿阔叶林，原生植被稀少，主要保存于村寨附近的风水林，以青冈、麻轧木等为主的石灰山常绿阔叶林，其他大多为次生植被。另外，研究区域洼地内有栽培的经济植物火龙果、蚕桑、甘蔗等，栽植的农作物为水稻、玉米等。归纳总结研究区域植被概况见表 3-3 和表 3-4。

表 3-3　　　　　　　　真良村典型研究区域植被概况

植被类型		优势物种	群落简要特征	备注
自然植被	季风常绿阔叶林	青冈、麻轧木	群落高 8～12m，总盖度约 90%，分层明显；乔木层盖度 50%～80%，以青冈、麻轧木为优势种；灌木层盖度 20%～40%，主要组成为灰毛浆果楝、红背山麻杆、两面针等；草本层盖度 10%～40%，包括地石榴、莠草等	仅为村寨后山保护为风水林，分布于海拔相对较高区域
	石灰山灌丛	灰毛浆果楝、龙须藤、两面针	灌丛为当地广泛分布的次生性灌丛。群落高 2～4m，总盖度 70%～85%；种类组成较为丰富。包括灰毛浆果楝、龙须藤、两面针、黄荆等	周边广泛分布
	暖性稀树灌木草丛	五节芒、类芦	为广泛分布的次生性稀疏灌木草丛，零星分布有重阳木等乔木树种。灌木层组成包括灰毛浆果楝、黄荆等；草本层盖度高达 60%～75%，以五节芒为主要标志的高草丛，其余常见类芦、莠草等	周边广泛分布
人工植被		火龙果、甘蔗、玉米		

表 3-4　　　　　　　　弄雷屯典型研究区域植被概况

植被类型		优势物种	群落特征	备注
自然植被	季风常绿阔叶林	小果香椿、依桐	群落高 10～14m，总盖度约 85%，分层明显；乔木层盖度 40%～60%，以小果香椿、依桐为优势种；灌木层盖度 30%～50%，主要组成为灰毛浆果楝、马桑等；草本层盖度 20%～40%，包括蕨类、莎草等	仅分布于海拔相对较高区域
	石灰山灌丛	水红木、灰毛浆果楝、马桑	为当地广泛分布的次生性灌丛。群落高 2～4m，总盖度 80%～85%	周边广泛分布
	暖性稀树灌木草丛	五节芒	为广泛分布的次生性稀疏灌木草丛，零星分布有攀枝花、重阳木乔木树种。灌木层组成包括灰毛浆果楝、龙须藤、黄荆等；草本层盖度高达 60%～75%，主要是以五节芒为主要标志的高草丛，其余为常见类芦等	周边广泛分布
人工植被	蚕桑、甘蔗、玉米、水稻			

（二）典型研究区域优势植物群落及特征

同时，对典型研究区域优势植物群落及特征进行了详细记录，其中田东县真良村研究区域植物群落调查信息见表 3-5～表 3-8。

表 3-5　田东县真良村研究区域青冈群落调查信息记录表

群落名称：青冈群落			
调查时间：2015 年 1 月 20—21 日			
地点	田东县	田东县	田东县
GPS 信息	23°31′7.38″N 107°24′48.55″E	23°31′6.65″N 107°24′49.08″E	23°31′8.31″N 107°24′50.55″E
海拔/m	571	534	517
坡向	E	SE	NE
坡度/(°)	20	30	25～30
样地面积/m²	400	400	100（10×10）

地点	田东县			田东县			田东县		
群落高/m	10～12			14～15			25～26		
总盖度/%	85～90			80			90		
乔木层高度/m	10～12			14～15			25～26		
乔木层盖度/%	70			50～60			60		
灌木层高度/m	1.2～1.8			1.2～3			1.5		
灌木层盖度/%	5			20			16		
草本层高度/m	0.8～1.2			0.2～0.8			0.4		
草本层盖度/%	10～15			5～8			3		
乔木层	树高/m	胸径/cm	株数	树高/m	胸径/cm	株数	树高/m	胸径/cm	株数
青冈 Cyclobalanopsis glauca	12～14	8～12	5	12～14	8～17	6	6～25	11～28	8
麻轧木 Lysidice rhodostegia	8	22	1	11～14	8～25	5			
硬叶樟 Cinnamomum calcareum	6～8	3～5	2						
金丝李 Garcinia paucinervis	11	25	1				5～11	8～11	2
广西鹅掌柴 Schefflera kwangsiensis	10～13	1～4	2						
灌木层	样地1			样地2			样地3		
	株数	高度/m		株数	高度/m		株数	高度/m	
对节刺 Sageretia theezans	1	1.2							
广西鹅掌柴 Schefflera kwangsiensis	2	1.5							
柞木 Xylosma congestum	2	0.8							
红背山麻杆 Alchornea trewioides	7	0.4～1					1	1.6	
小叶忍冬 Lonicera microphylla	2	0.9							
灰毛浆果楝 Cipadessa cinerascens	1	0.6		2	0.8～1.4				

灌木层	样地 1		样地 2		样地 3	
	株数	高度/m	株数	高度/m	株数	高度/m
两面针 Zanthoxylum nitidum			3	0.8～1.3		
麻轧木 Lysidice rhodostegia			15	1.5～2	1	1.6
青冈 Cyclobalanopsis glauca			7	1.5～3	11	1～4
南蛇藤 Celastrus orbiculatus			1	0.8		
丛林素馨 Jasminum duclouxii					3	1.2～2.4
西域旌节花 Stachyurus himalaicus Maesajaponica			2	0.8～1.2		
小叶女贞 Ligustrum quihoui					5	1～2.1
金丝李 Garcinia paucinervis					8	1～3
草本层	多优度—群聚度					
槲蕨 Drynaria fortunei						
长托菝葜 Smilax ferox						
肾蕨 Nephrolepis auriculata						
荩草 Arthraxon hispidus						

表 3-6　田东县真良村研究区域含浆果楝、五节芒的
稀树灌木草丛调查信息记录表

群落名称：含浆果楝、五节芒的稀树灌木草丛			
调查时间：2015 年 1 月 20—21 日			
地点	田东县	田东县	田东县
GPS 信息	23°31′10.23″N 107°24′53.22″E	23°31′11.36″N 107°24′52.60″E	23°31′12.77″N 107°24′53.02E
海拔/m	479	465	439
坡向	E	SE	NE
坡度/(°)	20	25	25～30
样地面积/m²	25（5×5）	25（5×5）	25（5×5）
群落高/m		1.5～3.5	25～26

地点	田东县			田东县			田东县		
总盖度/%	85~90			85~90			90		
乔木层高度/m	8~5			—			—		
乔木层盖度/%	20			—			—		
灌木层高度/m	1.5~3			1.5~3.5			1.5		
灌木层盖度/%	60~70			60~70			40		
草本层高度/m	0.3~0.6			1~2.5			0.8~3		
草本层盖度/%	10~15			40~45			50~55		
乔木层	树高/m	胸径/cm	株数	树高/m	胸径/cm	株数	树高/m	胸径/cm	株数
枫香 Liquidambar formosana	10	15	1	—	—	—	—	—	—
桃金娘 Rhodomyrtus tomentosa	8	12	1	—	—	—	—	—	—

灌木层	样地 1		样地 2		样地 3	
	株数	高度/m	株数	高度/m	株数	高度/m
灰毛浆果楝 Cipadessa cinerascens	1	1.2	5	1.2~3.5	4	1.5~2.5
小叶女贞 Ligustrum quihoui	2	1.5	2	0.8~1.5		
硬叶樟 Cinnamomum calcareum	2	0.8				
柞木 Xylosma congestum	7	0.4~1	2			
麻轧木 Lysidice rhodostegia	2	0.9				
金银忍冬 Lonicera maackii	1	0.6				
红背山麻杆 Alchornea trewioides			1			
对节刺 Sageretia theezans					2	1.0~2.5
勾儿茶 Berchemia sinca			2		1	1.1
刺蒴麻 Triumfetta rhomboidea	2	0.8~1.0				
西域旌节花 Stachyurus himalaicus Maesa japonica			1		2	0.8~1.8

灌木层	样地1		样地2		样地3	
	株数	高度/m	株数	高度/m	株数	高度/m
小叶山柿 *Diospyros dumetorum*	1	1.5				
龙须藤 *Bauhinia championii*			2			
毛叶花椒 *Zanthoxylum bungeanum*			2			
黄荆 *Vitex negundo*					2	0.6～2.0
丛林素馨 *Jasminum duclouxii*						
长托菝葜 *Smilax ferox*						
草本层	多优度—群聚度					
铁线蕨 *Adiantum capillus-veneris*	+0.1					
肾蕨 *Nephrolepis auriculata*	2.2		2.2			
荩草 *Arthraxon hispidus*	1.1				1.1	
薄叶卷柏 *Selaginella delicatula*	+0.1					
斑茅 *Saccharum arundinaceum*			2.2		2.2	
千里光 *Senecio scandens*					+0.1	
白茅 *Imperata cylindrica*					2.2	

表 3-7 田东县真良村研究区域人工种植甘蔗
群落调查信息记录表

群落名称：人工种植甘蔗地		
调查时间：2015年1月20—21日		
地点	田东县	田东县	田东县
GPS信息	23°31′18.72″N 107°24′55.44″E	23°31′22.06″N 107°24′52.57″E	23°31′24.34″N 107°24′43.70″E
海拔/m	420	413	415
坡向	平坝区	平坝区	平坝区
坡度/(°)	2～3	0	0

表 3 - 8 　　　田东县真良村研究区域人工种植火龙果
群落调查信息记录表

群落名称：人工种植火龙果地理坐标	
调查时间：2015 年 1 月 20—21 日	
地点	田东县
GPS 信息	23°31′10.14″N 107°24′20.92″E
海拔/m	437
坡向	平坝区
坡度/(°)	2～3

凤山县弄雷屯研究区域优势植物群落调查结果见表 3 - 9～表 3 - 11。

表 3 - 9 　　　田东县真良村研究区域伊桐、小果香椿
群落调查信息记录表

群落名称：伊桐、小果香椿群落（森林群落）			
调查时间：2015 年 1 月 22 日			
地点	凤山县	凤山县	凤山县
GPS 信息	24°30′55.03″N 107°04′48.29″E	24°30′58.28″N 107°04′48.26″E	24°31′1.274″N 107°04′50.03″E
海拔/m	830	762	710
坡向	北	北	北
坡度/(°)	20	30	25～30
样地面积/m²	400	100（10×10）	100（10×10）
群落高/m	10～12	8	4～5
总盖度/%	85～90	80～85	80～85
乔木层高度/m	10～12	7～8	4～5
乔木层盖度/%	70	15～30	15～20
灌木层高度/m	1.2～1.8	1.5～2.5	1.5～3
灌木层盖度/%	5	50～65	50～65

地点	凤山县			凤山县			凤山县		
草本层高度/m	0.8~1.2			0.8~1.4			0.5~1.2		
草本层盖度/%	10~15			40~45			40~45		
乔木层	树高/m	胸径/cm	株数	树高/m	胸径/cm	株数	树高/m	胸径/cm	株数
伊桐 *Itoa orientalis*	6~8	8~25	7	4~8	8~15	3			
小果香椿 *Toona microcarpa*	7~10	8~15	3						
							3~5	5~10	5
灌木层	样地1			样地2			样地3		
	株数	高度/m		株数	高度/m		株数	高度/m	
马桑 *Coriaria nepalensis*	3	1.2~3		4	0.9~2.5				
灰毛浆果楝 *Cipadessa cinerascens*	3	0.9~2.5		3	0.6~2		4	1.2~2.2	
长托菝葜 *Smilax ferox*	2	0.8							
金银忍冬 *Lonicera maackii*	7	0.4~1					4	1.2~2.2	
南蛇藤 *Celastrus orbiculatus*	2	0.9							
两面针 *Zanthoxylum nitidum*	1	0.6							
地石榴 *Ficus tikoua*	8	0.2~0.5		5	0.1~0.3				
尖子木 *Oxyspora paniculata*	2	0.6~1.1		3	0.8~1.5				
西域旌节花 *Stachyurus himalaicus Maesa japonica*	3	1.2~1.8							
三叶悬钩子 *Rubus delavayi*	2	0.6~1.2		4	0.6~1.3		2	0.6~1.2	
来江藤 *Brandisia hancei*				3	0.6~1.5				
中华绣线菊 *Spiraea chinensis*				4	1~1.3				
柞木 *Xylosma congestum*				2	1~1.5				
椭圆三叶悬钩子 *Rubus delavayi*				2	0.6~1.8				
大叶紫珠 *Callicarpa macrophlla*				2	1.3~1.6		2	1.1~1.6	
糯米条 *Abelia chinensis*							5	1.5~2.0	

灌木层	样地 1		样地 2		样地 3	
	株数	高度/m	株数	高度/m	株数	高度/m
对节刺 *Sageretia theezans*					2	1.5～2.2
草本层	多优度—群聚度					
肾蕨 *Nephrolepis auriculata*	3.3		2.2		3.3	
石韦 *Pyrrosia lingua*	+0.1					
类芦 *Neyraudia reynaudiana*			2.2		+0.1	
威灵仙 *Clematis chinensis*			1.1			
千里光 *Senecio scandens*					+0.1	
野棉花 *Anemone vitifolia*					+0.1	
薄叶卷柏 *Selaginella delicatula*			+0.1			
荩草 *Arthraxon hispidus*			+0.1			

表 3-10　田东县真良村研究区域马桑、浆果楝灌木
草丛群落调查信息记录表

群落名称：马桑、浆果楝灌木草丛群落			
调查时间：2015 年 1 月 22 日			
地　　点	凤山县	凤山县	凤山县
GPS 信息	24°31′3.296″N 107°04′54.282″E	24°31′7.254″N 107°04′54.875″E	24°31′8.743″N 107°04′52.947″E
海拔/m	648	585	533
坡向	北	北	北
坡度/(°)	20	30	25～30
样地面积/m²	25(5×5)	25(5×5)	25(5×5)
群落高/m	2～4	1.5～3	4～5
总盖度/%	85～90	80～85	90
乔木层高度/m	—	—	—
乔木层盖度/%	—	—	—
灌木层高度/m	1.8～3.5	1.5～3	1.5～2.5

地　点	凤山县		凤山县		凤山县	
灌木层盖度/%	60～70		15～30		50～65	
草本层高度/m	0.3～0.8		1～2.5		0.5～1.2	
草本层盖度/%	20～35		70～85		40～45	
灌木层	样地1		样地2		样地3	
	株数	高度/m	株数	高度/m	株数	高度/m
马桑 *Coriaria nepalensis*	3	1.2～2.2	8	1.5～2.6	4	1～1.5
灰毛浆果楝 *Cipadessa cinerascens*	2	0.6～1.5	3	0.8～1.5	1	1.5
象鼻藤 *Dalbergia mimosoides*					2	0.8～1.8
地石榴 *Ficus tikoua*			4	0.1～0.4		
尖子木 *Oxyspora paniculata*	8	0.6～1.2			2	6～1.3
西域旌节花 *Stachyurus himalaicus Maesa japonica*	3	1.2～1.8				
丛林素馨 *Jasminum duclouxii*			2	1～1.5		
大叶紫珠 *Callicarpa macrophlla*	5	1.2～2.1	2	1.2～1.5	1	1.2～1.6
地桃花 *Urena lobata*			3	0.4～1.2	1	0.6～1.4
勾儿茶 *Berchemia sinca*	2	0.6～1.5				
对节刺 *Sageretia theezans*						
番石榴 *Psidium guajava*			2	0.8～1.5	5	1～1.5
草本层	多优度—群聚度					
肾蕨 *Nephrolepis auriculata*	3.3		1.1			
白茅 *Imperata cylindrica*			3.3		3.3	
山麦冬 *Liriope spicata*	+0.1					
类芦 *Neyraudia reynaudiana*			1.1		2.2	
五节芒 *Miscanthus floridulus*			1.1		2.2	
柳叶箬 *Isachne globosa*					2.2	

草本层	多优度—群聚度		
千里光 *Senecio scandens*			+
野棉花 *Anemone vitifolia*	1.1	+0.1	+0.1
薄叶卷柏 *Selaginella delicatula*			+0.1
荩草 *Arthraxon hispidus*		1.1	
蜈蚣蕨 *Pteris vittata L.*			+0.1

表 3‑11 田东县真良村研究区域桑蚕群落调查信息记录表

群落名称：桑蚕		
调查时间：2015 年 1 月 22 日		
地点	凤山县	凤山县	凤山县
GPS 信息	24°31′19.64″N 107°4′51.41″E	24°31′17.15″N 107°4′53.07″E	24°31′19.96″N 107°4′48.66″E
海拔/m	560	564	563
坡向			
坡度/(°)	0～2	0～2	0～2

第三节　现场观测样地设置

在田东县和凤山县典型峰丛洼地研究区域真良村和弄雷屯，根据前期植被样方调查结果确定的优势植被群落类型，结合海拔垂直梯度及坡度坡向变化设置样地开展野外观测工作。

田东县真良村设置 4 个样地，沿海拔垂直梯度依次为甘蔗群落、五节芒群落、灰毛浆果楝群落和青冈群落；凤山县弄雷屯设置 4 个观测样地，沿海拔梯度依次为桑蚕群落、五节芒群落、水红木群落和依桐群落。在每个观测样地附近设置 5m×5m 的样方，用于现场观测，如图 3-2 和图 3-3 所示。

(a) 甘蔗群落　　　　　　　　(b) 五节芒群落

(c) 灰毛浆果楝群落　　　　　　(d) 青冈群落

图 3-2　田东县真良村峰丛洼地观测样地设置

(a) 桑蚕群落　　　　　　　　(b) 五节芒群落

(c) 水红木群落　　　　　　　(d) 依桐群落

图 3-3　凤山县弄雷屯峰丛洼地观测样地设置

第四节　指标观测方法

分别于 2015 年 4 月（春季）、8 月（夏季）、11 月（秋季）和 2016 年 1 月（冬季）选取典型晴天开展现场监测和采样工作，观测指标包括叶片蒸腾速率、叶面积指数及相关环境因子。

（1）叶片蒸腾速率。采用美国 LI-COR 公司生产的 LI-6400 型便携式光合测定仪对叶片蒸腾速率进行测定，如图 3-4 所示。测定时设定系统内气体流速为 500mmol/s，采用专用内置红蓝光源，光照强度设定为 1000mmol/(m² · s) 光量子。在每个样方选取 3 株长势良好、无病虫害的植株作为观测对象，每棵植株按冠层高、中、低分别测量，每个高度重复 3 次。

图 3-4　叶片蒸腾速率测定

（2）叶面积指数（LAI）。采用 LAI-2200 植物冠层分析仪对每个样方的植物群落叶面积指数 LAI 进行观测，如图 3-5 所示。

图 3-5　叶面积指数测定

（3）空气温湿度。采用手持式 RS 温湿度计对蔗株周围空气温度（T）和空气湿度（RH）进行测定，如图 3-6 所示。

图 3-6　空气温湿度测定

（4）土壤容重采用环刀法测得。首先，选择有代表性的土壤，去除其表面凋落物；第二，用体积为 $100cm^3$ 的环刀垂直压入土内；第三，用剖面刀挖掘周围土壤，取出环刀；第四，将粘附在环刀外面的土去除，用削土刀细致地切去环刀两端多余的土，使土壤恰和环刀平齐，两端盖好盖子；最后，带回实验室，将环刀内土壤置于 105℃ 烘箱中烘干至恒重，记录其重量，除以环刀体积即为土壤容重，土壤容重测量现场取样如图 3-7 所示。

图 3-7　土壤容重测量现场取样

（5）土壤含水率。采用烘干法测得，取 80～100g 土壤，去除其中的植物组织，测量其湿重，然后在 105℃ 下烘至恒重，然后再称重，通过公式换算获得其含水率。

（6）土壤吸湿系数。称取自封袋内约 250g 湿土摊开盛放于平盘，放入烘箱，在 60℃ 条件下，烘干至恒重，采用分析天平称取 100g 干土摊开放置于平盘，置于室外或过道等阴凉处 24h，采用分析天平称重并记录重量，精确到至少小数点后两位。

（7）田间持水量。将在野外用环刀采集原状土壤样品（取样时，避开石块、作物根系或杂物）带回室内，将环刀有孔盖一面向下，无孔盖一面向上放入平底容器中，缓慢加水，保持水上比环刀上缘低 1～2mm，浸泡 24h；在于测定土壤样品相同的土层处，另取一些土壤样品，除去较大石块或杂物，风干，磨碎，通过孔径 2mm 筛过，装入无孔底盖的环刀中轻拍，压实，保持土壤表面平整，并在上面覆盖一张略大于环刀口外径的滤纸，置于水平台上；将装有经水分充分饱和的原状土样环刀从浸泡容器中取出，移去底部有孔的盖子，把此环刀放在盖有滤纸的装有风干试样的环刀上，将两个环岛边缘对接整齐并用 2kg 左右重物压实，使其接触紧密；经过 8h 水分下渗过程后，取上层环刀中的原状土（15～20）g，放入以恒重的铝盒（m_0），立即称重（精确至 0.01g）（m_1）。在 105℃±2℃ 烘干至恒重（约 12h），取出后放入干燥器内冷却至室温，称重（精确到 0.01g）（m_2），计算水分含量，此值即为土壤田间持水量。

第五节　观测结果分析

一、蒸腾速率

田东县真良村峰丛洼地主要植物群落类型蒸腾速率季节变化如图 3-8 所示。其中，从不同植物类型来看，灰毛浆果楝的年均蒸腾速率略高与其他植物，为 2.18mmol/（m^2·s）；其次是五节芒和甘蔗，分别为 2.05mmol/（m^2·s）和 2.02mmol/（m^2·s）；青冈的蒸腾速率相对最低，为 1.53mmol/（m^2·s）。从不同季节来看，四种主要植物群落均以夏季蒸腾速率较高，春季和秋季次之，而冬季蒸腾速率最低，如图 3-8 所示。

凤山县弄雷屯峰丛洼地主要植物群落类型蒸腾速率季节变化

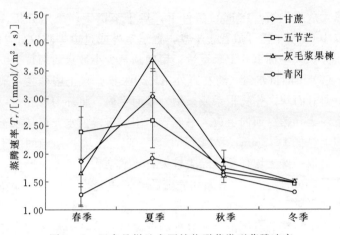

图 3-8 田东县样地主要植物群落类型蒸腾速率

如图 3-9 所示，其中，从不同植物类型来看，桑蚕和依桐的年均蒸腾速率略高与其他植物，均为 1.70mmol/(m² · s)，其次是五节芒，为 1.47mmol/(m² · s)，水红木的蒸腾速率略低，为 1.41mmol/(m² · s)；从不同季节来看，四种主要植物群落均以夏季蒸腾速率较高，春季次之，而秋冬季蒸腾速率最低，如图 3-9 所示。

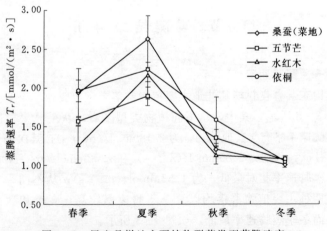

图 3-9 凤山县样地主要植物群落类型蒸腾速率

二、叶面积指数

田东县真良村峰丛洼地主要植物群落类型叶面积指数季节变化如图3-10所示，其中，从不同植物类型来看，青冈和灰毛浆果楝的年均叶面积指数 LAI 略高与其他植物，分别为 3.42 和 3.41，其次是五节芒，为 2.68；而甘蔗的年均叶面积指数最低，仅为 1.68；从不同季节来看，四种主要植物群落均以夏季叶面积指数最高，秋季次之，而春冬季叶面积指数相对较低，如图 3-10所示。

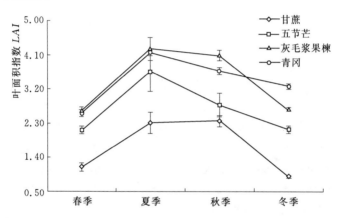

图 3-10　田东县样地主要植物群落类型叶面积指数

凤山县弄雷屯峰丛洼地主要植物群落类型叶面积指数季节变化如图3-11所示，其中，从不同植物类型来看，水红木的年均叶面积指数略高与其他植物，为 2.38，其次是依桐，为 2.25，五节芒的叶面积指数略低，为 2.06，而桑蚕的年均叶面积指数最低，为 1.61；从不同季节来看，四种主要植物群落均以夏秋叶面积指数较高，而冬春季叶面积指数较低，如图 3-11所示。

三、空气温湿度

田东县真良村和凤山县弄雷屯峰丛洼地主要植物群落类型空气温度季节变化如图 3-12所示，从不同植物类型来看，其空气温度变化差异不大，其中，田东县真良村峰丛洼地年均空气温度

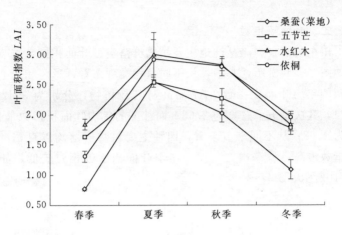

图 3-11　凤山县样地主要植物群落类型叶面积指数

表现为灰毛浆果楝＞甘蔗＞五节芒＞青冈，分别为 21.43℃、
21.21℃、21.15℃ 和 20.67℃，凤山县弄雷屯峰丛洼地年均空气
温度表现为依桐＞桑蚕＞水红木＞五节芒，分别为 20.13℃、
20.08℃、19.15℃ 和 18.35℃，普遍低于真良村峰丛洼地气温；
而从不同季节来看，2 个区域内四种主要植物群落均以夏季空气
温度较高，春季次之，而秋冬季空气温度相对低，如图 3-12 和
图 3-13 所示。

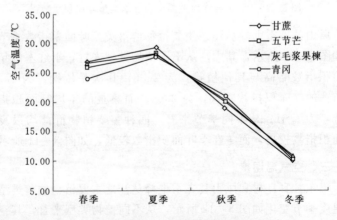

图 3-12　田东县样地主要植物群落类型空气温度

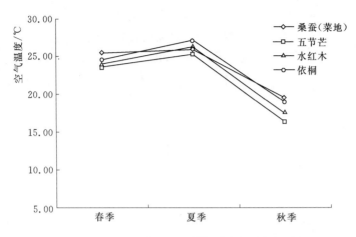

图 3-13　凤山县样地主要植物群落类型空气温度

　　田东县真良村和凤山县弄雷屯峰丛洼地主要植物群落类型空气湿度季节变化如图 3-14 所示,从不同植物类型来看,其空气湿度变化存在差异,其中,田东县真良村峰丛洼地年均空气湿度表现为灰毛浆果楝＞五节芒＞青冈＞甘蔗,分别为 74.97％、74.26％、73.14％和 66.57％,凤山县弄雷屯峰丛洼地年均空气温度表现为五节芒＞依桐＞水红木＞桑蚕,分别为 82.55％、81.18％、77.85％和 73.33％,空气湿度略高于真良村峰丛洼地;

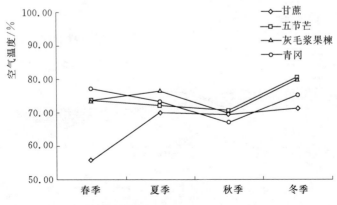

图 3-14　田东县样地主要植物群落类型空气湿度

而从不同季节来看，田东县真良村四种主要植物群落均以冬夏季空气湿度较大，春秋季湿度较小；凤山县弄雷屯峰丛洼地则以夏秋季空气湿度较大，春冬季较小，如图 3-14 和图 3-15 所示。

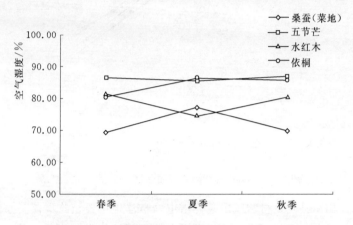

图 3-15　凤山县样地主要植物群落类型空气湿度

四、土壤容重

田东县真良村峰丛洼地主要植物群落类型土壤容重季节变化如图 3-16 所示，从不同植物类型来看，其土壤容重差异不显著，

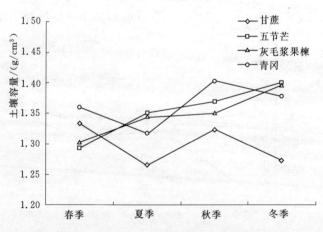

图 3-16　田东县样地主要植物群落类型土壤容重

甘蔗的年均土壤容重略低与其他植物，为 1.30g/cm³，而五节芒、灰毛浆果楝和青冈的土壤容重均为 1.35g/cm³；从不同季节来看，四种主要植物群落均以秋冬季土壤容重较高，为 1.36g/cm³，春夏季相对较低，为 1.32g/cm³，如图 3-16 所示。

　　凤山县弄雷屯峰丛洼地主要植物群落类型土壤容重季节变化如图 3-17 所示，其中，从不同植物类型来看，水红木的年均土壤容重略高与其他植物，为 1.34g/cm³，其次是五节芒，为 1.31g/cm³，而桑蚕和依桐的年均土壤容重最低，为 1.30g/cm³；从不同季节来看，四种主要植物群落均以夏秋季土壤容重较高，冬次之，而春季土壤容重最低，如图 3-17 所示。

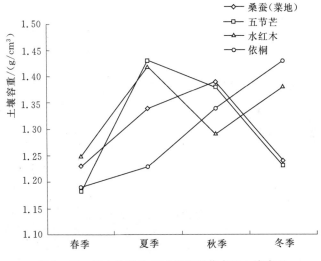

图 3-17　凤山县样地主要植物群落类型土壤容重

五、土壤含水率

　　田东县真良村峰丛洼地主要植物群落类型土壤含水率季节变化如图 3-18 所示，其中，从不同植物类型来看，灰毛浆果楝的年均土壤含水率略高与其他植物群落，为 33.76%，其次是五节芒，为 32.67%，甘蔗的土壤含水率略低，为 30.19%，而青冈的年均土壤含水率最低，为 27.75%；从不同季节来看，四种主要植物群落均以夏春季土壤含水率较高，秋冬季土壤含水率最低，如图 3-18 所示。

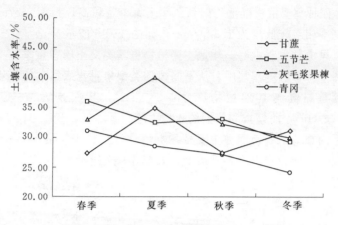

图 3-18　田东县样地主要植物群落类型土壤含水率

凤山县弄雷屯峰丛洼地主要植物群落类型土壤含水率季节变化如图 3-19 所示，从不同植物类型来看，五节芒的年均土壤含水率略高与其他植物，为 30.14%，其次是水红木，为 28.58%，

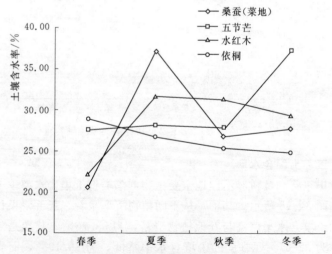

图 3-19　凤山县样地主要植物群落类型土壤含水率

桑蚕和依桐的土壤含水率略低，分别为27.94％和26.38％；从不同季节来看，四种主要植物群落均同样以春夏季土壤含水率较高，秋冬季相对较低如图3-19所示。

六、土壤吸湿系数

田东县真良村峰丛洼地主要植物群落类型土壤吸湿系数季节变化如图3-20所示，其中，从不同植物类型来看，青冈的年均土壤吸湿系数略高与其他植物，为3.95，其次是灰毛浆果楝，为3.18，五节芒的土壤吸湿系数略低，为3.06，而甘蔗的年均土壤吸湿系数最低，为2.19，呈现出随海拔升高土壤吸湿系数增大的趋势；从不同季节来看，四种主要植物群落均以春夏季土壤吸湿系数较高，而秋冬季土壤吸湿系数相对低，如图3-20所示。

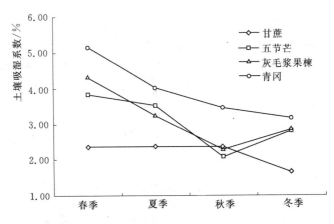

图3-20 田东县样地主要植物群落类型土壤吸湿系数

凤山县弄雷屯峰丛洼地主要植物群落类型土壤吸湿系数季节变化如图3.21所示，其中，从不同植物类型来看，水红木的年均土壤吸湿系数略高与其他植物，为2.03，其次是桑蚕，为1.98，依桐的土壤吸湿系数略低，为1.84，而五节芒的年均土壤吸湿系数最低，为1.78；从不同季节来看，四种主要植物群落同样以春夏季土壤吸湿系数高于秋冬季，如图3-21所示。

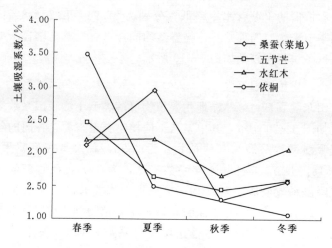

图 3-21　凤山县样地主要植物群落类型土壤吸湿系数

七、田间持水量

田东县真良村峰丛洼地主要植物群落类型田间持水量季节变化如图 3-22 所示，其中，从不同植物类型来看，灰毛浆果楝的年均田间持水量略高与其他植物，为 367.61g/kg，其次是青冈，为 360.96g/kg，五节芒的田间持水量略低，为 351.87g/kg，而甘蔗的年均田间持水量最低，仅为 258g/kg；从不同季节来看，

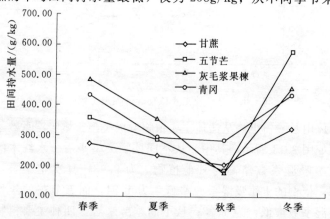

图 3-22　田东县样地主要植物群落类型土壤田间持水量

四种主要植物群落均以冬季田间持水量较高，春季次之，夏季相
对较低，而秋季田间持水量最低，如图 3-22 所示。

　　凤山县弄雷屯峰丛洼地主要植物群落类型田间持水量季节变
化如图 3-23 所示，从不同植物类型来看，五节芒和水红木的年
均田间持水量略高与其他植物，分别为 250.74g/kg 和 250.76g/
kg，其次是依桐，为 216.8g/kg，桑蚕的田间持水量最低，为
199.83g/kg；从不同季节来看，四种主要植物群落同样以冬季
田间持水量较高，春季次之，而夏秋季田间持水量相对较低，如
图 3-23 所示。

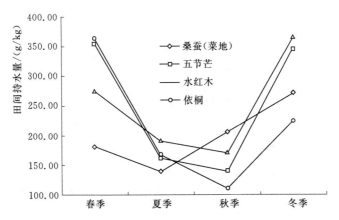

图 3-23　凤山县样地主要植物群落类型土壤田间持水量

第四章　典型峰丛洼地区植被
生态需水定量评估

　　植被的生态需水，是为保障植被能正常生长、发育，或植被生态系统维持健康并正常发挥生态系统服务功能而需要消耗的最低水量，被认为是退化生态系统恢复与重建的关键。不同的植被类型、不同的植物物种组成，与当地的水资源供给状况相结合，具有不同的需水特征。因此，确定合理的植被生态需水区间，对实现水资源的优化配置和生态环境的可持续发展具有重要意义。

第一节　不同植被生态需水定额测算

一、植被潜在蒸散
（一）田东县、凤山县气象概况
　　本研究所用逐月气象资料来自中国气象局国家气象信息中心，田东县和凤山县两个国控点 1970—2015 年的月值气象参数，包括气压、平均气温、相对湿度和降雨量等 10 个常规指标。指标汇总的情况见表 4-1。

表 4-1　　田东县与凤山县多年月值气象指标汇总表

指　标	最大值		最小值		平均值		方差	
	田东县	凤山县	田东县	凤山县	田东县	凤山县	田东县	凤山县
气压/hPa	1004.2	967.8	981.0	946.2	992.5	957.5	6.3	5.5
平均气温/℃	30.4	27.5	7.6	6.5	21.4	19.3	5.9	5.6
最高气温/℃	35.6	33.5	10.4	9.6	25.6	24.4	6.3	5.9
最低气温/℃	26.4	24.5	5.7	3.9	18.5	16.1	5.6	5.6
相对湿度/%	89	89	41	63	75	79	7	5

指　标	最大值		最小值		平均值		方差	
	田东县	凤山县	田东县	凤山县	田东县	凤山县	田东县	凤山县
降雨量/mm	1084.8	689.9	0	0	144.3	126.9	145.1	128.3
日降水量 ≥0.1mm日数/d	29	28	0	0	14	13	6	5
平均风速/(m/s)	4.6	2.1	0.9	0.3	2.5	1.0	0.6	0.3
日照时数/h	269.4	275.4	3.3	5.7	118.4	114.5	60.7	46.2
日照百分率/%	73	69	1	2	32	31	16	11

　　大多数气象指标的多年月平均值，如气压、气温、降雨量、日照时数等，田东县的值均明显高于凤山。以平均气温为例，田东县多年月平均值为 21.4℃±5.9℃；凤山县的多年月平均值为 19.3℃±5.6℃。

　　仅有相对湿度的多年月平均值凤山县明显高于田东县。凤山县的多年月平均值为 79%±5%，田东县的多年月平均值为 75%±7%。

　　从这些常规气象指标的月值变化来看，大多数的指标均是保持了稳定的周期性的波动，没有出现显著的变异。但是，这两个区域受全球气候变化的影响端倪凸显。多年平均气温、最高气温和最低气温的波动曲线都呈现了略微的上升趋势，一方面说明了极端高温出现的概率越来越大，另一方面说明了这两个区域的气温在逐年缓慢上升。

　　降雨量和相对湿度的月值波动曲线都呈现了略微的下降趋势，说明了这两个区域的降雨量在逐年缓慢减少，空气湿度在逐渐下降。

　　（二）潜在蒸散量计算

　　田东县和凤山县两地的多年月平均潜在蒸散均呈现了"单峰"的形态，田东县的最低值出现在 2 月，为 40.88mm；凤山县的最低值出现在 1 月，为 35.40mm；两地的最高值均出现在 8 月，田东县为 113.96mm；凤山县为 100.53mm，见表 4-2 和图 4-1。

表 4 - 2　　　　　　　　田东县和凤山县月平均蒸散量

月　份	田 东 县		凤 山 县	
	蒸散量/mm	比例/%	蒸散量/mm	比例/%
1	41.30	4.36	35.40	4.14
2	40.88	4.31	45.61	5.33
3	48.48	5.11	56.39	6.59
4	67.44	7.11	73.83	8.63
5	90.86	9.59	89.70	10.48
6	90.02	9.50	83.03	9.70
7	108.04	11.40	95.10	11.11
8	113.96	12.02	100.53	11.75
9	110.35	11.64	92.58	10.82
10	98.44	10.39	70.61	8.25
11	81.54	8.60	68.06	7.95
12	56.55	5.97	44.76	5.23
合 计	947.86		855.60	

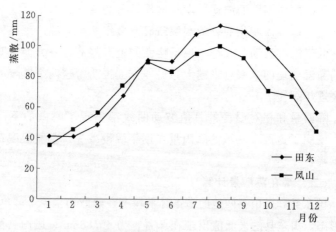

图 4 - 1　田东县和凤山县多年月平均蒸散对比

　　从多年均潜在蒸散量来看,田东县的值略大于凤山。田东县的多年平均潜在蒸散量为 947.86mm，凤山县的多年平均蒸散量为 855.60mm。

二、植被生态耗水系数

植被生态耗水系数，即植被最大需水量与潜在耗水量的比例系数。根据植被生态耗水系数计算方法及野外采集数据，分别计算田东县和凤山县两地不同时期、不同植物种类的生态耗水系数。

田东县和凤山县两样地的野外数据采集时间均是 2015 年 4 月、8 月、11 月和 2016 年 1 月，分别选取了四种典型植物种类进行监测。

（一）田东县样点

田东县样点实地监测的植物种类是五节芒、浆果楝、青冈和甘蔗。四种植物种类在 1 月、4 月、8 月和 11 月的生态耗水系数如图 4-2 所示。

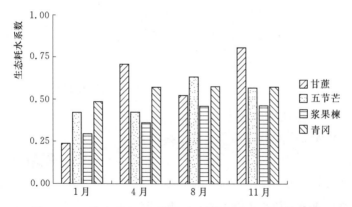

图 4-2　田东县样点不同植物在不同时期的生态耗水系数

1 月，青冈的生态耗水系数最高，为 0.491；甘蔗的生态耗水系数最低，为 0.238。4 月，甘蔗的生态耗水系数最高，为 0.713；浆果楝的生态耗水系数最低，为 0.363。8 月，五节芒的生态耗水系数最高，为 0.639；最低的是浆果楝，仅为 0.462。11 月，甘蔗的生态耗水系数最高，为 0.808，浆果楝的最低，为 0.459。

总体来看，甘蔗的生态耗水系数最高，浆果楝的生态耗水系数最低，说明了甘蔗在整个生长过程中，生态耗水量最大，尤其是从 4 月和 11 月的生长期；相比来说，浆果楝的生态耗水量最小。

（二）凤山县样点

凤山县样点实地监测的植物种类是五节芒、水红木、依桐和桑蚕。四种植物种类在 1 月、4 月、8 月和 11 月的生态耗水系数如图 4-3 所示。

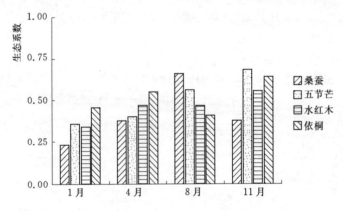

图 4-3　凤山县样点不同植物在不同时期的生态系数

1 月，依桐的生态耗水系数最高，为 0.463；桑蚕的生态耗水系数最低，为 0.238。4 月，依桐的生态耗水系数最高，为 0.552；桑蚕的生态耗水系数最低，为 0.381。8 月，桑蚕的生态耗水系数最高，为 0.665；最低的是依桐，仅为 0.414。11 月，五节芒的生态耗水系数最高，为 0.689，桑蚕的最低，为 0.372。

总体来看，依桐的生态耗水系数最高，说明了依桐的整个生长周期中在凤山县样点，生态耗水量最大，尤其是 1 月和 4 月的生长期；相比来说，水红木、依桐和蚕桑的生态耗水量较小。

三、土壤水分调节系数

土壤水分含量对植物光合作用的贡献对于植物的生态需水有

着重要的影响，采用土壤水分调节系数来进行表征。土壤水分调节系数采用实测的土壤吸湿系数、土壤田间持水量、土壤含水量等参数计算而来。根据土壤水分调节系数计算方法及野外采集数据，分别计算田东县和凤山县两地不同时期、不同植物对应的土壤水分调节系数。

田东县和凤山县两样地的野外数据采集时间均是2015年4月、8月、11月和2016年1月4次，分别选取了四种典型植物样地的土壤进行监测。

（一）田东县样点

田东县样点实地监测的是五节芒、浆果楝、青冈和甘蔗对应的土壤。四种植物对应的土壤水分调节系数在1月、4月、8月和11月的计算结果如图4-4所示。

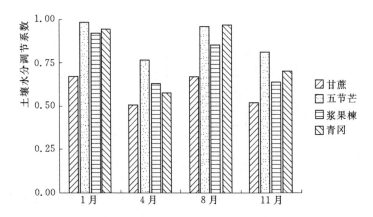

图4-4　田东县样点不同植物在不同时期的土壤水分调节系数

1月，五节芒的土壤水分调节系数最高，为0.980；甘蔗的土壤水分调节系数最低，为0.672。4月，五节芒的土壤水分调节系数最高，为0.768；甘蔗的土壤水分调节系数最低，为0.506。8月，青冈的土壤水分调节系数最高，为0.970；最低的是甘蔗，为0.669。11月，五节芒的土壤水分调节系数最高，为0.814，甘蔗的最低，仅为0.519。

总体来看，五节芒的土壤水分调节系数最高，甘蔗的土壤水分调节系数最低，说明了五节芒在整个生长过程中，土壤水分对其生态需水起到了重要的贡献，尤其是4—11月的生长期；相比其他几种植被来说，甘蔗的土壤水分调节系数最小，对甘蔗的生态需水量有较大的限制。

（二）凤山县样点

凤山县样点实地监测的是五节芒、水红木、依桐和蚕桑对应的土壤。四种植物对应的土壤水分调节系数在1月、4月、8月和11月的计算结果如图4-5所示。

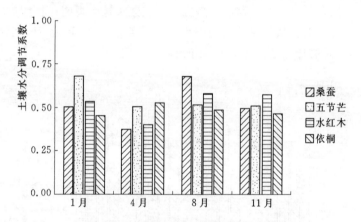

图4-5　凤山县样点不同植物在不同时期的土壤水分调节系数

1月，五节芒的土壤水分调节系数最高，为0.694；依桐的土壤水分调节系数最低，为0.461。

4月，依桐的土壤水分调节系数最高，为0.537；蚕桑的土壤水分调节系数最低，为0.381。8月，蚕桑的土壤水分调节系数最高，为0.689；最低的是依桐，为0.496。11月，水红木的土壤水分调节系数最高，为0.582，依桐的最低，为0.471。

总体来看，凤山县样点的四种植物的土壤水分调节系数在三个时间段均差异不明显。说明这四种植物在生长过程中，土壤水分对它们的生态需水限制作用也基本一致。

四、植被生态需水定额

植被生态需水定额是指单位时间、单位面积上某一植被类型所需要消耗的水量。植物的生态需水定额，不仅与气候条件、土壤质地等因素有关，而且与群落类型、植物种类等有关。因此，确定不同植被类型的生态需水定额，需要针对不同的气候与地形特征、不同的土地构成与植被类型，分别计算其各自的生态需水定额，再计算生态需水量。本研究根据分别选取田东和凤山两地不同时期、不同优势植物开展野外监测。

田东县和凤山县两样地的野外数据采集时间均是 2015 年 4 月、8 月、11 月和 2016 年 1 月四次，分别选取了四种典型植物样地进行植被、气象及土壤的监测。

（一）田东县样点

基于田东县样点监测的五节芒、浆果楝、青冈和甘蔗的植物生理信息及气象与土壤数据，计算其各自的最佳生态需水、适宜生态需水和最低生态需水定额，结果见图 4 - 6 和表 4 - 3。

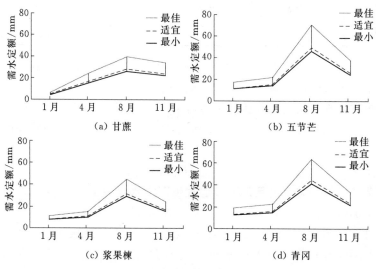

图 4 - 6　田东县样点植被生态需水定额对比

表4-3　　　　　田东县样点不同植被类型生态需水特征

月份	物种	生态需水定额/mm		
		最佳	适宜	最小
1	甘蔗	6.60	4.62	4.29
	五节芒	17.24	12.07	11.21
	浆果楝	11.35	7.95	7.38
	青冈	19.17	13.42	12.46
4	甘蔗	24.30	17.01	15.79
	五节芒	22.07	15.45	14.35
	浆果楝	15.48	10.83	10.06
	青冈	22.61	15.82	14.69
8	甘蔗	39.83	27.88	25.89
	五节芒	70.40	49.28	45.76
	浆果楝	44.99	31.49	29.24
	青冈	63.95	44.77	41.57
11	甘蔗	34.20	23.94	22.23
	五节芒	37.69	26.39	24.50
	浆果楝	24.16	16.91	15.71
	青冈	33.11	23.18	21.52

　　总的来看，四种植物均是在8月生态需水定额最大，在1月生态需水定额最小。从生态需水定额的对比来看，1月，青冈的生态需水定额最大，适宜生态需水定额为13.42mm；甘蔗的生态需水定额最小，适宜生态需水定额为4.62mm。4月，甘蔗的生态需水定额最大，适宜生态需水定额为17.01mm；浆果楝的生态需水定额最小，适宜生态需水定额为10.83mm。8月，五节芒的生态需水定额最大，适宜生态需水定额为49.28mm；甘蔗的生态需水定额最小，适宜生态需水定额为27.88mm。11月，五节芒的生态需水定额最大，适宜生态需水定额为26.39mm；浆果楝的生态需水定额最小，适宜生态需水定额为16.91mm。

　　总体来看，浆果楝在整个生长周期较其他三种植物而言，生态需水量最少，说明浆果楝在整个生长过程中，仅需要较小的水分供给就能满足其自身生长的需要。青冈、五节芒和甘蔗的生态需水定额较大，说明都需要较大的水分供给才能正常的生长。

（二）凤山县样点

基于凤山县样点监测的桑蚕、五节芒、水红木和依桐的植物生理信息及气象与土壤数据，计算其各自的最佳生态需水、适宜生态需水和最低生态需水定额，结果见图4-7和表4-4。

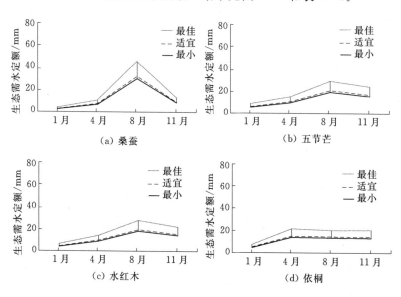

图4-7　凤山县样点植被生态需水定额对比

表4-4　　　　凤山县样点不同植被类型生态需水特征

月份	物种	生态需水定额/mm		
		最佳	适宜	最小
1	桑蚕	4.31	3.02	2.80
	五节芒	8.95	6.27	5.82
	水红木	6.65	4.65	4.32
	依桐	7.51	5.25	4.88

月份	物种	生态需水定额/mm		
		最佳	适宜	最小
4	桑蚕	10.69	7.49	6.95
	五节芒	15.31	10.71	9.95
	水红木	14.35	10.05	9.33
	依桐	21.88	15.32	14.22
8	桑蚕	46.10	32.27	29.96
	五节芒	29.74	20.82	19.33
	水红木	28.02	19.62	18.22
	依桐	20.65	14.46	13.42
11	桑蚕	12.87	9.01	8.36
	五节芒	24.25	16.97	15.76
	水红木	22.15	15.51	14.40
	依桐	20.62	14.44	13.41

总的来看，除依桐外，其他三种植物均是在8月生态需水定额最大，在1月生态需水定额最小。从生态需水定额的对比来看，1月，五节芒的生态需水定额最大，适宜生态需水定额为6.27mm；桑蚕的生态需水定额最小，适宜生态需水定额为3.02mm。4月，依桐的生态需水定额最大，适宜生态需水定额为15.32mm；桑蚕的生态需水定额最小，适宜生态需水定额为7.49mm。8月，桑蚕的生态需水定额最大，适宜生态需水定额为32.27mm；依桐的生态需水定额最小，适宜生态需水定额为14.46mm。11月，五节芒的生态需水定额最大，适宜生态需水定额为16.97mm；桑蚕的生态需水定额最小，适宜生态需水定额为9.01mm。

总体来看，水红木在整个生长周期较其他三种植物而言，生态需水量最少，说明水红木在整个生长过程中，仅需要较小的水分供给就能满足其自身生长的需要。桑蚕和五节芒的生态需水定额较大，说明都需要较大的水分供给才能正常的生长。

五、植被生态缺水定额

植被生态缺水定额，即植被生态需水定额与有效降水之间的差值。根据植被最佳、适宜和最小生态需水定额与降雨量，分别计算田东和凤山两地不同时期、不同植物种类的最大、适宜和最少生态缺水定额。植被生态缺水的多少，反映了区域水分供给的实际状态，可以为水分分配和生态补水提供依据。

（一）田东县样点

田东县样点四种植物种类在 1 月、4 月、8 月和 11 月的生态缺水定额见图 4-8 和表 4-5。

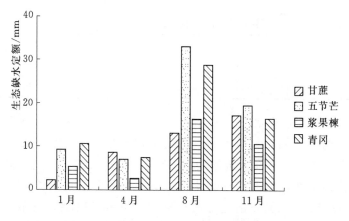

图 4-8　田东县样点植被生态缺水定额对比

表 4-5　　　　田东县样点不同植被类型生态缺水特征

月份	物种	生态缺水定额/mm		
		最大	适宜	最少
1	甘蔗	4.84	2.86	2.53
	五节芒	15.49	10.32	9.46
	浆果楝	9.60	6.19	5.63
	青冈	17.42	11.67	10.71

月份	物种	生态缺水定额/mm		
		最大	适宜	最少
4	甘蔗	17.21	9.92	8.71
	五节芒	14.98	8.36	7.26
	浆果楝	8.39	3.74	2.97
	青冈	15.52	8.74	7.61
8	甘蔗	27.17	15.22	13.23
	五节芒	57.74	36.62	33.10
	浆果楝	32.32	18.83	16.58
	青冈	51.29	32.11	28.91
11	甘蔗	29.34	19.08	17.37
	五节芒	32.83	21.52	19.64
	浆果楝	19.30	12.05	10.84
	青冈	28.25	18.31	16.66

以最少生态缺水定额为例，1月，青冈的生态缺水定额最高，为10.71mm；甘蔗的生态缺水定额最低，为2.53mm。4月，甘蔗的生态缺水定额最高，为8.71mm；浆果楝的生态缺水定额最低，为2.97mm。8月，五节芒的生态缺水定额最高，为33.10mm；最低的是甘蔗，为13.23mm。11月，五节芒的生态缺水定额最高，为19.64mm，浆果楝的最低，为10.84mm。

总体来看，五节芒的生态缺水定额最高，浆果楝的生态缺水定额最低，说明了五节芒在整个生长过程中缺水状况比较严重，尤其是从8月到11月的生长期；相比来说，浆果楝的缺水状况相对较轻。

（二）凤山县样点

凤山县样点四种植物种类在1月、4月、8月和11月的生态缺水定额见图4-9和表4-6。

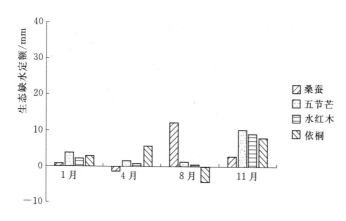

图 4-9　凤山县样点植被生态缺水定额对比

表 4-6　　凤山县样点不同植被类型生态缺水特征

月份	物种	生态缺水定额/mm		
		最大	适宜	最少
1	桑蚕	2.44	1.14	0.93
	五节芒	7.08	4.39	3.95
	水红木	4.77	2.78	2.45
	依桐	5.63	3.38	3.01
4	桑蚕	2.24	−0.97	−1.50
	五节芒	6.85	2.26	1.49
	水红木	5.90	1.59	0.87
	依桐	13.43	6.87	5.77
8	桑蚕	28.31	14.48	12.17
	五节芒	11.95	3.03	1.54
	水红木	10.23	1.83	0.43
	依桐	2.86	−3.33	−4.37
11	桑蚕	7.55	3.69	3.05
	五节芒	18.93	11.66	10.45
	水红木	16.84	10.19	9.08
	依桐	15.31	9.12	8.09

以最少生态缺水定额为例，1月，五节芒的生态缺水定额最

高，为 3.95mm；桑蚕的生态缺水定额最低，为 0.93mm。4 月，
依桐的生态缺水定额最高，为 5.77mm；桑蚕的生态缺水定额最
低，为 - 1.50mm。8 月，桑蚕的生态缺水定额最高，为
12.17mm；最低的是依桐，为-4.37mm。11 月，五节芒的生态
缺水定额最高，为 10.45mm，桑蚕的最低，为 3.05mm。

总体来看，五节芒的生态缺水定额最高，水红木的生态缺水
定额最低，说明了五节芒在整个生长过程中，缺水状况比较严
重，尤其是 11 月的生长期；相比来说，水红木的缺水状况相对
较轻。4 月的桑蚕和 8 月的依桐均出现了水分盈余的情况，说明
这两个物种在对应的时期水分供给状况良好。

第二节　典型区域植被生态需水定量评估

一、典型区域土地利用/覆被特征

（一）典型县域土地利用构成

从田东县和凤山县的土地利用情况来看，主要的土地覆盖类型
是林地，分别为 1177km^2 和 1001.32km^2，分别占各自县域面积的
41.91％和 57.55％。其次是旱地，分别为 996.37km^2 和 349.34km^2。

凤山县的森林覆盖率显著高于田东县，分别为 74.97％和
51.85％。除此之外，田东县的旱地、水田、河流和居住地等，
均显著多于凤山县。两个县土地覆盖的空间分布特征如图 4 - 10
和图 4 - 11 所示。

表 4 - 7　　　　　田东县和凤山县土地利用状况

用地类型	凤山县		田东县	
	面积/km^2	百分比/％	面积/km^2	百分比/％
林地	1001.32	57.55	1177.00	41.91
灌木	303.17	17.42	279.04	9.94
草丛	3.10	0.18	30.29	1.08
水库/坑塘	0.72	0.04	4.01	0.14

用地类型	凤山县		田东县	
	面积/km²	百分比/%	面积/km²	百分比/%
河流	0.40	0.02	25.48	0.91
水田	74.29	4.27	241.96	8.62
旱地	349.34	20.08	996.37	35.48
居住地	7.59	0.44	54.44	1.94
合计	1739.92	100	2808.59	100

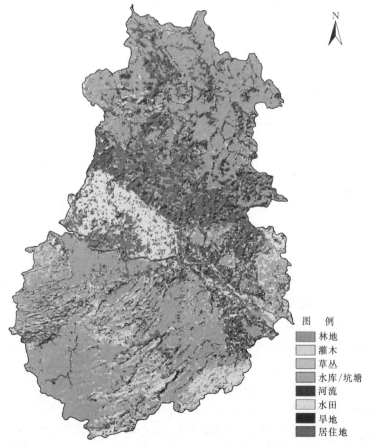

图 4-10 田东县土地利用现状图（详见书后彩图）

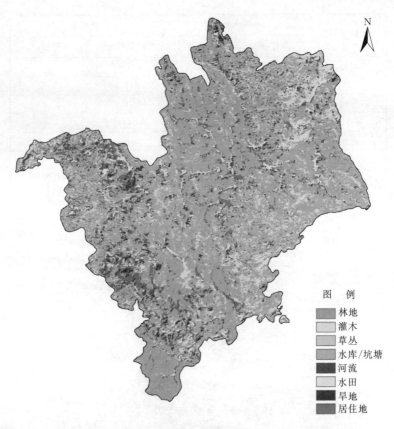

图4-11 凤山县土地利用现状图（详见书后彩图）

图例
林地
灌木
草丛
水库/坑塘
河流
水田
旱地
居住地

（二）典型峰丛洼地区土地利用构成

田东县和凤山县现有峰丛洼地貌的区域面积分别为510.79km² 和 678.01km²，其空间分布及野外现场观测点，如图4-12和图4-13所示。

分别选取野外观测点周边区域，作为典型研究区域进行土地利用构成分析，见表4-8。凤山县样区的植被覆盖率达到85.75%，田东县样区的植被覆盖率为68.22%，空间分布特征如图4-14和图4-15所示。

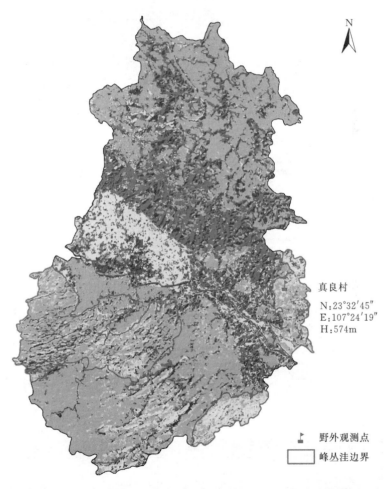

N

真良村
N:23°32′45″
E:107°24′19″
H:574m

↓ 野外观测点

☐ 峰丛洼边界

图 4 - 12　田东县峰丛洼地分布及野外观测点（详见书后彩图）

凤凰村 弄雷屯
N:24°31′32″
E:107°04′50″
H:602m

┠ 野外观测点

▢ 峰丛洼边界

图 4 - 13　凤山县峰丛洼地分布及野外观测点（详见书后彩图）

表 4 - 8　　　　　　　　观测点周边区域土地利用状况

用地类型	凤山县样区		田东县样区	
	面积/km²	百分比/%	面积/km²	百分比/%
林地	111.98	54.75	29.91	34.35
灌木	63.51	31.05	29.49	33.87
草丛	0.46	0.23	2.17	2.49
水库/坑塘	0.06	0.03	0.07	0.08
河流	0.10	0.05	8.27	9.50
水田	2.98	1.46	16.50	18.95
旱地	24.35	11.91	0.65	0.74
居住地①	1.07	0.53	—	—
合计：	204.51	100	87.06	100

① 受原始遥感影像的分辨率限制，田东样区的居住地未能解译出来。

图例

林地
灌木
草丛
水库/坑塘
河流
水田
旱地
居住地

图4-14 田东县样区（真良村）土地构成空间分布（详见书后彩图）

67

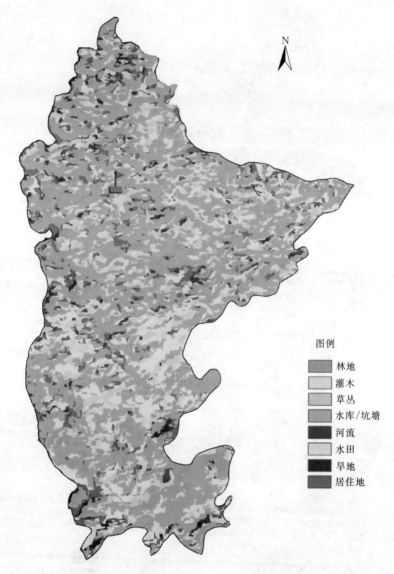

N

图例
林地
灌木
草丛
水库/坑塘
河流
水田
旱地
居住地

图 4 - 15 凤山县样区（凤凰村弄雷屯）土地构成空间分布（详见书后彩图）

二、植被生态需水量评估

(一) 田东县样点

根据田东县样点真良村样区的土地利用构成特征，结合各优势植物种类的生态需水定额，估算乔木、灌木、草本和农田在1月、4月、8月和11月的生态需水量，结果见表4-9。

表4-9　　　田东县样点不同植被类型生态需水特征

月份	土地覆盖	生态需水量/万 m³		
		最佳	适宜	最小
1	农田	11.3	7.9	7.4
	草本	3.7	2.6	2.4
	灌木	33.5	23.4	21.8
	乔木	57.3	40.1	37.3
4	农田	41.7	29.2	27.1
	草本	4.8	3.4	3.1
	灌木	45.6	31.9	29.7
	乔木	67.6	47.3	44
8	农田	68.3	47.8	44.4
	草本	15.3	10.7	9.9
	灌木	132.7	92.9	86.2
	乔木	191.3	133.9	124.3
11	农田	58.7	41.1	38.1
	草本	8.2	5.7	5.3
	灌木	71.3	49.9	46.3
	乔木	99	69.3	64.4

总的来看，真良村样区的各种植被类型生态需水量在8月最高，在1月最低。从植被生态需水月度总量来看，8月的生态需水总量最高，最佳、适宜和最小生态需水总量分别为407.6万 m³、285.3万 m³和264.8万 m³；1月的生态需水总量最低，最佳、

适宜和最小生态需水总量分别为 105.8 万 m³、74.1 万 m³ 和 68.9 万 m³，如图 4 – 16 所示。

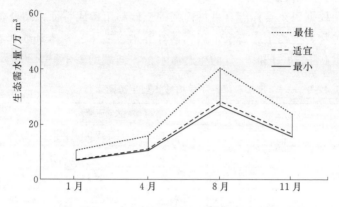

图 4 – 16 真良村样区月度植被生态需水量

采用 1 月、4 月、8 月和 11 月的植被生态需水数据，对年度植被生态需水量进行估算，得出真良村样区年度植被生态需水特征，如图 4 – 17 所示，最佳、适宜和最小植被生态需水量分别为 2730.9 万 m³、1911.3 万 m³ 和 1775.1 万 m³。

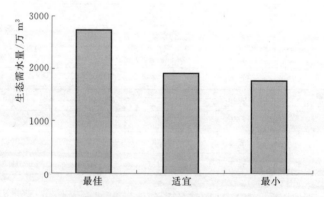

图 4 – 17 真良村样区年度植被生态需水特征

（二）凤山县样点

根据凤山县样点弄雷屯样区的土地利用构成特征，结合各优势植物种类的生态需水定额，估算乔木、灌木、草本和农田在1月、4月、8月和11月的生态需水量，结果见表4-10。

表4-10　　　　凤山县样点不同植被类型生态需水特征

月份	土地覆盖	生态需水量/万 m³		
		最佳	适宜	最小
1	农田	11.8	8.2	7.7
	草本	0.4	0.3	0.3
	灌木	42.2	29.5	27.4
	乔木	84.1	58.8	54.6
4	农田	29.2	20.5	19
	草本	0.7	0.5	0.5
	灌木	91.1	63.8	59.2
	乔木	245.1	171.5	159.3
8	农田	126	88.2	81.9
	草本	1.4	1	0.9
	灌木	178	124.6	115.7
	乔木	231.3	161.9	150.3
11	农田	35.2	24.6	22.9
	草本	1.1	0.8	0.7
	灌木	140.7	98.5	91.4
	乔木	230.9	161.7	150.1

总的来看，弄雷屯样区的各种植被类型生态需水量在8月最高，在1月最低。从植被生态需水月度总量来看，8月的生态需水总量最高，最佳、适宜和最小生态需水总量分别为536.7万 m³、375.7万 m³和348.8万 m³；1月的生态需水总量最低，最佳、适宜和最小生态需水总量分别为138.5万 m³、96.8万 m³和90.1万 m³，如图4-18所示。

采用1月、4月、8月和11月的植被生态需水数据，对年度植被生态需水量进行估算，得出弄雷屯样区年度植被生态需水特征，如图 4-19 所示，最佳、适宜和最小植被生态需水量分别为 4347.6 万 m³、3043.2 万 m³ 和 2825.7 万 m³。

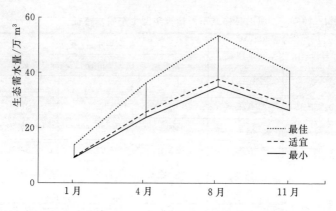

图 4-18 弄雷屯样区月度植被生态需水量

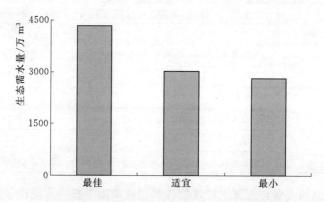

图 4-19 弄雷屯样区年度植被生态需水特征

三、植被生态缺水量评估

（一）田东县样点

根据田东县样点真良村样区的土地利用构成特征，结合各优势植物种类的生态缺水定额，估算乔木、灌木、草本和农田在 1 月、4 月、8 月和 11 月的生态缺水量，结果见表 4-11。

表 4－11 田东县样点不同植被类型生态缺水特征

月份	土地覆盖	生态缺水量/万 m^3		
		最大	适宜	最少
1	农田	8.3	4.9	4.3
	草本	3.4	2.2	2.1
	灌木	28.3	18.3	16.6
	乔木	52.1	34.9	32
4	农田	29.5	17	14.9
	草本	3.3	1.8	1.6
	灌木	24.7	11	8.8
	乔木	46.4	26.1	22.7
8	农田	46.6	26.1	22.7
	草本	12.5	7.9	7.2
	灌木	95.3	55.5	48.9
	乔木	153.4	96	86.5
11	农田	50.3	32.7	29.8
	草本	7.1	4.7	4.3
	灌木	56.9	35.5	32
	乔木	84.5	54.8	49.8

　　总的来看，真良村样区的各种植被类型生态缺水量在 8 月最高，在 1 月最低。从植被生态缺水月度总量来看，8 月的生态缺水总量最高，最大、适宜和最少生态缺水总量分别为 307.9 万 m^3、185.6 万 m^3 和 165.2 万 m^3；1 月的生态缺水总量最少，最大、适宜和最少生态需水总量分别为 92.1 万 m^3、60.3 万 m^3 和 55.1 万 m^3，如图 4－20 所示。

　　采用 1 月、4 月、8 月和 11 月的植被生态缺水数据，对年度植被生态缺水量进行估算，得出弄雷屯样区年度植被生态缺水特征，如图 4－21 所示，最大、适宜和最少植被生态缺水量分别为 2108.1 万 m^3、1288.9 万 m^3 和 1152.3 万 m^3。

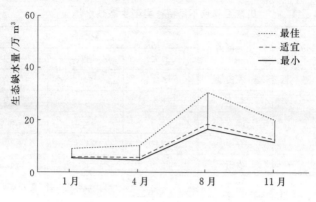

图 4 - 20　真良村样区月度植被生态缺水量

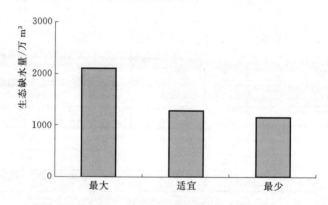

图 4 - 21　真良村样区年度植被生态缺水量

（二）凤山县样点

根据凤山县样点弄雷屯样区的土地利用构成特征，结合各优势植物种类的生态缺水定额，估算乔木、灌木、草本和农田在 1 月、4 月、8 月和 11 月的生态缺水量，结果见表 4 - 12。

总的来看，弄雷屯样区的各种植被类型生态缺水量在 11 月最高，在 1 月最低。从植被生态缺水月度总量来看，11 月的生态缺水总量最高，最大、适宜和最少生态缺水总量分别为 299.9 万 m³、177.5 万 m³ 和 157.1 万 m³；1 月的生态缺水总量最少，最大、适宜和最少生态需水总量分别为 100.4 万 m³、58.8 万 m³

和 51.9 万 m³，如图 4 - 22 所示。

表 4 - 12　　　　凤山县样点不同植被类型生态需水特征

月份	土地覆盖	生态缺水量/万 m³		
		最大	适宜	最少
1	农田	6.7	3.1	2.5
	草本	0.3	0.2	0.2
	灌木	30.3	17.6	15.5
	乔木	63.1	37.9	33.7
4	农田	6.1	−2.6	−4.1
	草本	0.3	0.1	0.1
	灌木	37.4	10.1	5.5
	乔木	150.4	76.9	64.6
8	农田	77.4	39.6	33.3
	草本	0.5	0.1	0.1
	灌木	65	11.6	2.7
	乔木	32.1	−37.3	−48.9
11	农田	20.6	10.1	8.3
	草本	0.9	0.5	0.5
	灌木	106.9	64.7	57.7
	乔木	171.4	102.2	90.6

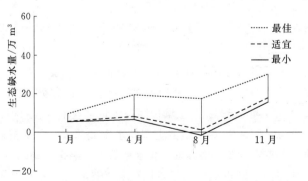

图 4 - 22　弄雷屯样区月度植被生态缺水特征

采用1月、4月、8月和11月的植被生态缺水数据，对年度植被生态缺水量进行估算，得出弄雷屯样区年度植被生态缺水特征，如图4-23所示，最大、适宜和最少植被生态缺水量分别为2308.5万 m^3、1004.3万 m^3和786.9万 m^3。

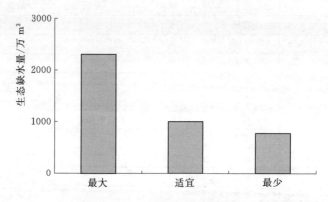

图4-23　弄雷屯样区年度植被生态缺水特征

第三节　植被生态需水影响因子分析

一、单因子分析

借助 SPSS 软件，采用单因子分析法，揭示植被生态需水定额与环境因子之间，以及各环境因子之间的关系，结果见表4-13所示。

植被生态需水定额与叶面积指数、植被覆盖度、空气温度和土壤容重等，均呈现了极显著的关系，相关性指数分别为0.678、0.704、0.505和0.626；与土壤田间持水量呈现了显著的相关，相关性指数为-0.417，说明植被生态需水定额的大小，受植被叶面积指数、覆盖度以及土壤容重、含水率等因子综合影响。

各环境因子间也呈现出了不同的相关性特征，如植被覆盖度和叶面积指数之间呈现极显著的相关性，相关系数为0.55，说明这些环境因子间相互影响，存在高度的相关性。

表 4-13

植被生态需水单因子分析

因子	叶面积指数	植被覆盖度	大气压	空气温度	空气湿度	海拔	土壤容重	土壤含水率	土壤吸湿系数	土壤田间持水量	潜在蒸散
植被覆盖度	0.55**										
大气压	0.237	0.193									
空气温度	0.264	0.396*	-0.224								
空气湿度	0.338	0.082	-0.211	0.025							
海拔	-0.267	-0.204	-0.877**	-0.087	0.064						
土壤容重	-0.211	0.103	-0.293	0.091	-0.177	0.415*					
土壤含水率	0.553**	0.215	0.467**	-0.194	0.336	-0.549**	-0.621**				
土壤吸湿系数	0.443*	0.271	0.159	0.367*	0.219	-0.401*	-0.538**	0.478**			
土壤田间持水量	0.03	-0.249	0.231	-0.277	0.137	-0.333	-0.772**	0.543**	0.591**		
潜在蒸散	0.561**	0.53**	-0.141	0.804**	0.292	-0.121	0.184	0.079	0.478**	-0.418*	
植被生态需水定额	0.678**	0.704**	0.124	0.505**	0.348	-0.326	0.626**	0.471**	0.204	-0.417*	0.821**

** 表示极显著水平，$P<0.01$；

* 表示显著水平，$P<0.05$。

二、多元回归分析

影响植被生态需水定额的各因子间具有高度的相关性，说明它们之间可能存在严重的自相关，为弄清是哪些因子在真正影响植被生态需水定额，及其影响程度，本书采用多元线性逐步回归，对数据进行分析，结果见表 4-14。

表 4-14 植被生态需水多因子回归分析 ($R^2 = 0.913$)

因子	系数	T	Sig.	VIF
常数	-62.98	-5.883	0.00	
潜在蒸散	0.379	8.974	0.00	1.441
土壤含水率	0.755	6.108	0.00	1.882
植被覆盖度	25.39	3.733	0.001	1.499
土壤容重	15.45	2.272	0.031	1.862

逐步回归结果表明，仅有植被覆盖度、土壤容重、土壤含水率和潜在蒸散 4 个指标被选入预测模型，相关水平达到了极显著或显著，说明这 4 个指标是影响植被生态需水定额的主要环境指标。从相关系数来看，植被覆盖度的相关系数最大，为 25.39，说明植被覆盖度对植被生态需水定额的影响最大；其次是土壤容重，相关系数为 15.45。

结合多元线性逐步回归分析的结果，得出植被生态需水定额的预测模型如下所示，模型的 $R^2 = 0.913$，说明选入模型的因子对植被生态需水定额能进行很好的预测。

$$ET_q = -62.98 + 25.39 VC + 15.45 SBD + 0.755 SWC$$
$$+ 0.379 ET_0 (R^2 = 0.913)$$

式中　ET_q——植被生态需水定额；

　　VC——植被覆盖度；

　SBD——土壤容重；

　SWC——土壤含水率；

　ET_0——潜在蒸散。

第五章 不同时空大尺度峰丛洼地植被生态需水模拟

大尺度植被生态需水的空间模拟，可以对区域层面上植被的生态需水特征进行估算和预测，模拟结果将为区域的水资源综合利用和优化配置区域生态用水、产业用水和农业灌溉用水等提供技术支持和理论依据。

大尺度植被生态需水的模拟，选取植被覆盖度、海拔、潜在蒸散、降雨、空气温湿度等能进行空间分布模拟的数据作为其影响因子，与植被生态需水建立耦合关系后，在 ArcGIS 平台下进行时空的反演。

采用上一章计算的局部尺度植被生态需水量，提取对应点位的植被覆盖度等因子，建立空间模型。根据植被覆盖度等因子的空间分布数据，进一步反演大尺度的植被生态需水量。

第一节 峰丛洼地植被生态需水预测模型构建

一、植被生态需水定额空间模型构建

由于本研究监测数据是按月度进行采集，为提高空间模型模拟的精确度，对植被生态需水定额的空间模型也按月份分开构建。采用多元线性逐步回归的方法对数据进行分析，结果见表 5-1。

表 5-1　　植被生态需水定额空间模拟因子回归分析

时段	指标	系数	T	Sig.	VIF	R^2
1月	常数	4.153	1.534	0.186	1.024	0.905
	植被覆盖度	26.042	6.389	0.001		
	海拔	−0.016	−3.592	0.016		

时段	指标	系数	T	Sig.	VIF	R^2
4月	常数	−4.779	−1.474	0.191	1.000	0.835
	植被覆盖度	30.632	5.509	0.002		
8月	常数	−14.462	−0.935	0.386	1.00	0.589
	植被覆盖度	68.514	2.935	0.026		
11月	常数	14.567	1.277	0.258	1.077	0.682
	植被覆盖度	22.788	2.207	0.078		
	海拔	−0.024	−1.746	0.141		

空间大尺度预测模型模拟因子的选择，一方面要筛选与植被生态需水定额具有显著影响的因子，这些因子已经在第五章的因子分析部分进行了分析；另一方面，所选择的因子本身要能够实现空间化。综合上述两方面因子筛选的原则，最终入选进行多元线性逐步回归的因子有：植被覆盖度、空气温度、空气湿度、海拔和潜在蒸散。

逐步回归结果表明，不同的月份，选入植被生态需水定额空间模拟模型的因子也不一样，但植被覆盖度在4个模型中均被选入，说明了植被覆盖度对植被生态需水定额有着重要的影响。除了植被覆盖度之外，海拔在1月和11月的模型中也被选入，从相关系数来看，海拔虽然对植被生态需水定额有一定影响，但影响程度低于植被覆盖度。

结合多元线性逐步回归分析的结果，得出4个时间段植被生态需水定额的空间预测模型。其中，1月和11月选入的因子是植被覆盖度和海拔；4月和8月选入的因子仅为植被覆盖度。

总的来看，4个模型的 R^2 值分别为0.905、0.835、0.589和0.682，均达到了显著水平，说明选入模型的因子对植被生态需水定额的空间分布能进行很好的预测，模型模拟效果很好。

1月：

$$ET_{q1} = 4.153 + 26.042VC − 0.016ELEV$$

4 月：
$$ET_{q\_4} = -4.779 + 30.632VC$$

8 月：
$$ET_{q\_8} = -14.462 + 68.514VC$$

11 月：
$$ET_{q\_11} = 14.567 + 22.788VC - 0.024ELEV$$

式中　ET_q——对应月份的空间上植被生态需水定额；

VC——植被覆盖度；

$ELEV$——海拔。

二、植被生态缺水定额空间模型构建

与植被生态需水定额的空间模拟相对应，对植被生态缺水定额的空间模型也按月份分开构建模型。采用多元线性逐步回归的方法，对监测的数据进行分析，结果见表 5-2。

表 5-2　　　　植被生态缺水定额空间模拟因子回归分析

时段	指标	系数	T	Sig.	VIF	R^2
1 月	常数	2.499	0.916	0.402		
	植被覆盖度	26.242	6.389	0.001	1.024	0.906
	海拔	-0.016	-3.671	0.014		
4 月	常数	-15.167	-4.307	0.005	1.00	0.85
	植被覆盖度	35.185	5.826	0.001		
8 月	常数	-150.887	-4.182	0.009		
	潜在蒸散	1.237	3.4	0.019	1.182	0.859
	植被覆盖度	50.852	2.654	0.045		
11 月	常数	10.117	0.861	0.429		
	植被覆盖度	23.061	2.168	0.082	1.067	0.684
	海拔	-0.025	-1.81	0.13		

逐步回归结果表明，不同的月份，选入植被生态缺水定额空间模拟模型的因子也不一样，植被覆盖度在 4 个模型中均被选入，说明了植被覆盖度对植被生态缺水定额也有着重要的影响。

除了植被覆盖度之外，海拔、潜在蒸散在 1 月、8 月和 11 月的模型中也被选入。从相关系数来看，海拔和潜在蒸散虽然对植被生态缺水定额有一定影响，但影响程度均低于植被覆盖度。

结合多元线性逐步回归分析的结果，得出 4 个时间段植被生态缺水定额的空间预测模型。其中，1 月和 11 月选入的因子是植被覆盖度和海拔；4 月选入的因子仅为植被覆盖度；8 月选入的因子为植被覆盖度和潜在蒸散。

总的来看，4 个模型的 R^2 值分别为 0.906、0.85、0.859 和 0.684，均达到了显著水平，说明选入模型的因子对植被生态缺水定额的空间分布能进行很好的预测，模型模拟效果很好。

1 月：
$$EWS_{q\_1} = 2.499 + 26.242VC - 0.016ELEV$$

4 月：
$$EWS_{q\_4} = -15.167 + 35.185VC$$

8 月：
$$EWS_{q\_8} = -150.887 + 50.852VC + 1.237ET_0$$

11 月：
$$EWS_{q\_11} = 10.117 + 23.061VC - 0.025ELEV$$

式中　EWS_q——对应月份的空间上植被生态缺水定额；

　　VC——植被覆盖度；

$ELEV$——海拔；

　ET_0——潜在蒸散。

第二节　不同时空尺度区植被生态需水的预测

一、植被生态需水定额空间预测

（一）田东县

基于已构建好的植被生态需水定额空间模型，对田东县 1 月、4 月、8 月和 11 月的植被生态需水定额进行了空间分布上的模拟，结果如图 5－1 所示。

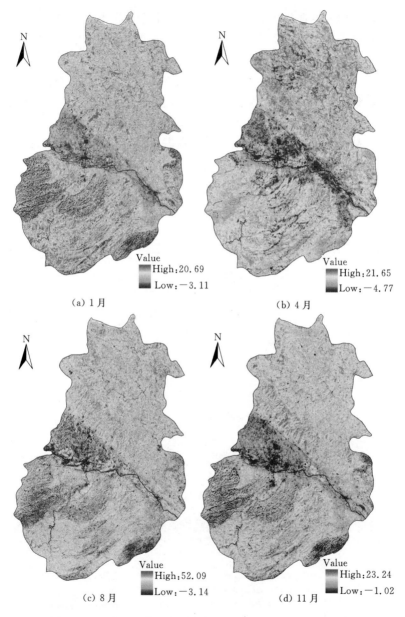

Value
High:20.69
Low:-3.11

(a) 1月

Value
High:21.65
Low:-4.77

(b) 4月

Value
High:52.09
Low:-3.14

(c) 8月

Value
High:23.24
Low:-1.02

(d) 11月

图 5-1　田东县植被生态需水定额空间特征（详见书后彩图）

总体来看，4个时间段植被生态需水定额在田东县的空间分布格局大体一致，北部和南部山区的生态需水定额较大，中部区域生态需水定额相对较小。

基于田东县植被生态需水定额的空间模拟，得出田东县在1月、4月、8月和11月的生态需水量分别为2409.4万 m^3、4318.0万 m^3、9750.1万 m^3 和6245.0万 m^3。

基于上述田东县4个时段的生态需水定额特征，模拟了田东县年度植被生态需水定额的空间分布，结果如图5-2所示。

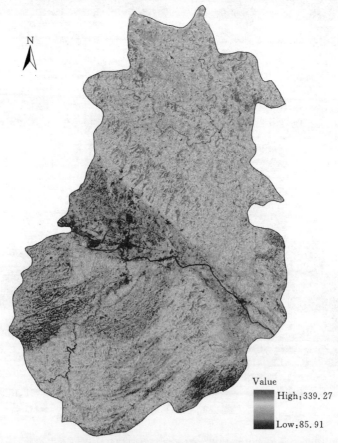

图5-2 田东县植被生态需水年度定额空间特征（详见书后彩图）

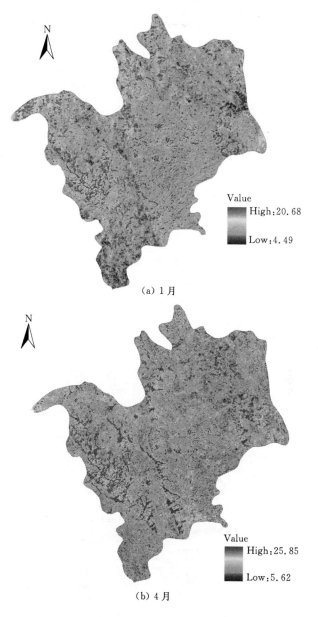

Value
High:20.68
Low:4.49

（a）1 月

Value
High:25.85
Low:5.62

（b）4 月

图 5-3（一）　凤山县植被生态需水定额空间特征（详见书后彩图）

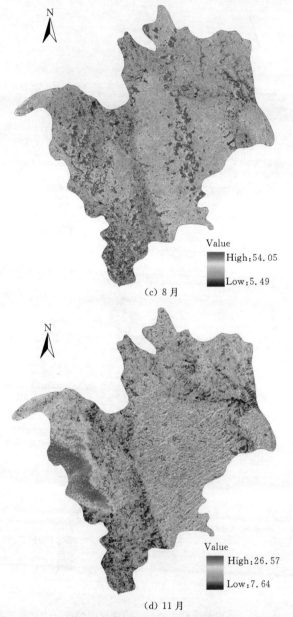

Value
High：54.05
Low：5.49

(c) 8 月

Value
High：26.57
Low：7.64

(d) 11 月

图 5-3（二）　凤山县植被生态需水定额空间特征（详见书后彩图）

基于田东县植被生态需水年度定额的模拟，估算出田东县年度植被生态需水总量为 68167.4 万 m³。

（二）凤山县

基于已构建好的植被生态需水定额空间模型，对凤山县 1 月、4 月、8 月和 11 月的植被生态需水定额进行了空间分布上的模拟，结果如图 5-3 所示。

总体来看，4 个时间段植被生态需水定额在凤山县的空间分布格局大体一致，西部和北部山区的生态需水定额较大，东部和南部区域生态需水定额相对较小。

基于凤山县植被生态需水定额的空间模拟，得出凤山县在 1 月、4 月、8 月和 11 月的生态需水量分别为 797.0 万 m³、2158.9 万 m³、3415.7 万 m³ 和 2302.5 万 m³。

基于上述凤山县 4 个时段的生态需水定额特征，模拟了凤山县年度植被生态需水定额的空间分布，结果如图 5-4 所示。

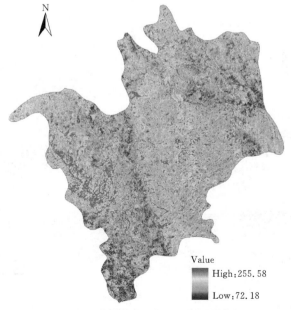

图 5-4　凤山县植被生态需水年度定额空间特征（详见书后彩图）

基于凤山县植被生态需水年度定额的模拟，估算出凤山县年度植被生态需水总量为 26022.2 万 m^3。

二、植被生态缺水定额空间预测

（一）田东县

基于已构建好的植被生态缺水定额空间模型，对田东县 1 月、4 月、8 月和 11 月的植被生态缺水定额进行了空间分布上的模拟，结果如图 5-5 所示。

总体来看，4 个时间段植被生态缺水定额在田东县的空间分布格局大体一致，也与植被生态需水的分布格局类似，北部和南部山区的生态需水定额较大，中部区域生态需水定额相对较小。

基于田东县植被生态缺水定额的空间模拟，得出田东县在 1 月、4 月、8 月和 11 月的生态缺水量分别为 1931.9 万 m^3、2386.7 万 m^3、6300.2 万 m^3 和 4919.6 万 m^3。

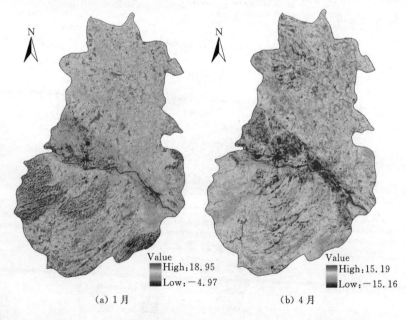

Value
High:18.95
Low:-4.97

Value
High:15.19
Low:-15.16

(a) 1 月　　　　　　　　　　(b) 4 月

图 5-5（一）　田东县植被生态缺水定额空间特征（详见书后彩图）

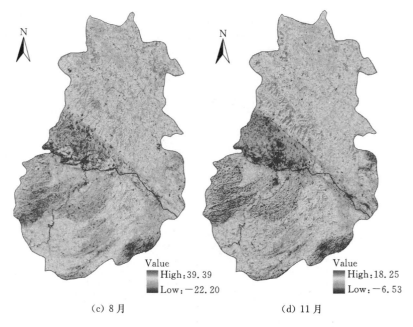

Value
High: 39.39
Low: -22.20

Value
High: 18.25
Low: -6.53

(c) 8 月   (d) 11 月

图 5-5（二）　田东县植被生态缺水定额空间特征（详见书后彩图）

基于上述田东县 4 个时段的生态缺水定额特征，模拟了田东县年度植被生态缺水定额的空间分布，结果如图 5-6 所示。

基于田东县植被生态缺水年度定额的模拟，估算出田东县年度植被生态缺水总量为 46614.9 万 m^3。

（二）凤山县样点

基于已构建好的植被生态缺水定额空间模型，对凤山县 1 月、4 月、8 月和 11 月的植被生态缺水定额进行了空间分布上的模拟，结果如图 5-7 所示。

总体来看，4 个时间段植被生态缺水定额在凤山县的空间分布格局大体一致，也与植被生态需水的分布格局类似，北部和南部山区的生态需水定额较大，中部区域生态需水定额相对较小。

基于凤山县植被生态缺水定额的空间模拟，得出凤山县在 1

Value
High：260.48

Low：−16.03

图 5－6　田东县植被生态缺水定额空间特征（详见书后彩图）

月、4 月、8 月和 11 月的生态缺水量分别为 472.5 万 m³、695.3
万 m³、335.9 万 m³ 和 1382.5 万 m³。

　　基于上述凤山县 4 个时段的生态缺水定额特征，模拟了凤山
县年度植被生态缺水定额的空间分布，结果如图 5－8 所示。

　　基于凤山县植被生态缺水年度定额的模拟，估算出凤山县年
度植被生态缺水总量为 8658.7 万 m³。

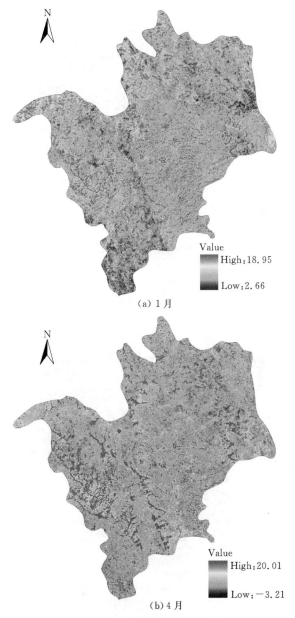

Value
High：18.95
Low：2.66

（a）1月

Value
High：20.01
Low：－3.21

（b）4月

图 5-7（一）　凤山县植被生态缺水定额空间特征（详见书后彩图）

91

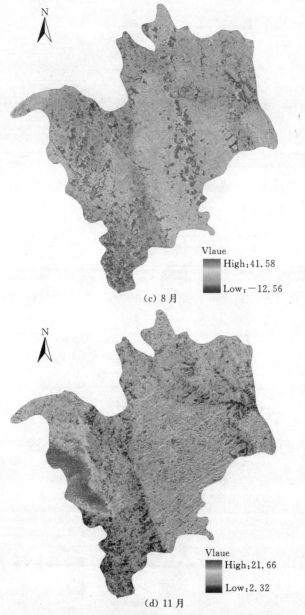

Vlaue
High: 41.58
Low: −12.56

(c) 8 月

Vlaue
High: 21.66
Low: 2.32

(d) 11 月

图 5-7（二） 凤山县植被生态缺水定额空间特征（详见书后彩图）

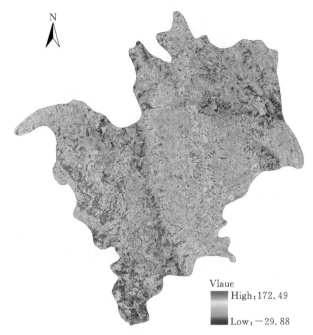

Vlaue
High: 172.49

Low: -29.88

图 5-8 凤山县植被生态缺水定额空间特征（详见书后彩图）

第三节 区域景观格局对植被生态需水的响应

开展植被生态需水与景观格局的研究，明确植被生态需水的变化与景观格局的关系，以便对重点区域植被生态需水和景观格局进行评估，有利于区域的后期规划与优化管理，加强对生态环境恶化区域的保护，对确定合理的生态需水量，实现水资源的优化配置和生态环境的可持续发展具有重要意义。

本节以田东县为案例，借助 GIS 技术，采用空间分析和统计分析技术，研究区域景观格局特征对植被生态需水的响应特征。

一、田东县景观格局特征

基于田东县土地利用/土地覆盖数据，利用 Fragstats 3.4 软件计算景观多样性指数、景观破碎度指数和景观连通性指数。空间分布的栅格图如图 5-9 所示。

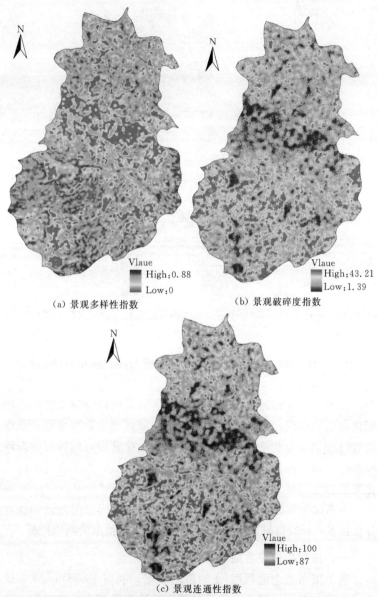

Vlaue
High: 0.88
Low: 0

（a）景观多样性指数

Vlaue
High: 43.21
Low: 1.39

（b）景观破碎度指数

Vlaue
High: 100
Low: 87

（c）景观连通性指数

图 5-9　田东县景观格局指数空间分布（详见书后彩图）

景观多样性指数反映了景观要素的多少和各景观要素所占比例的变化。在特定的空间范围内，景观要素构成越多，景观多样性指数越高。从图5-9可以看出，田东县的东部、南部和西部区域的景观多样性指数较高，最大值为0.88，说明这些区域景观由多种类型构成；田东县中部和中北部的局部区域，景观多样性指数最低，甚至为零，说明这些区域的景观类型较少或仅有一种景观类型。

景观破碎度指数反映景观被分割的破碎程度，反映景观空间结构的复杂性，在一定程度上反映了人类对景观的干扰程度。在特定的空间范围内，人类干扰程度越强，景观被分割的越严重，景观破碎度指数越高。从图5-9可以看出，田东县的南部、东南部和西南部的景观破碎度指数较高，最大值为43.21，说明这些区域景观的破碎程度最大；田东县中部和北部的局部区域，景观破碎度指数最低，最小值为1.39，说明这些区域的景观破碎度最低，干扰较小。

景观连通性指数是对景观空间结构单元相互间连续性的度量。景观连通性指数越大，说明景观的连通性越大，更有利于景观斑块间的物质循环、能量流动和信息传递。从图5-9可以看出，田东县的中部和中北部的景观连通性指数较高，最大值为100，说明这些区域景观的连通性最好；田东县东部、南部和西部的局部区域，景观连通性指数最低，最小值为87，说明这些区域的景观连通性最低。

二、景观格局对植被生态需水的响应

为弄清空间上植被生态需水与景观格局之间的关系，分析景观格局对植被生态需水的响应特征，利用景观格局指数空间分布的栅格数据和年度植被生态需水定额空间分布图，在ArcGIS里随机取1000个点，利用空间分析工具提取数据进行统计分析。

根据提取的值，做散点图如图5-10所示，可以看出，随着植被生态需水定额的增加，景观多样性指数和景观破碎指数都呈现了下降的趋势，而景观连通性指数呈现了上升的趋势，说明随着植被生态需水定额的增加，区域景观多样性下降、破碎度下降、景观的连通性增加。

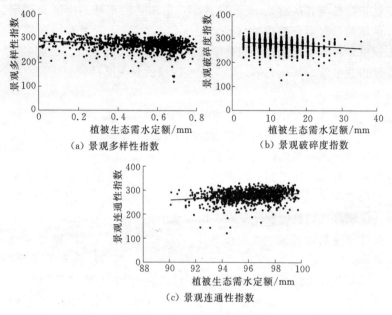

图 5-10　景观格局指数与植被生态需水定额散点图

基于 SPSS 统计软件，分析景观格局指数与植被生态需水定额之间的相关性，结果见表 5-3。

表 5-3　　景观格局指数与植被生态需水定额定量分析

项目	景观多样性	景观破碎度	景观连通性
生态需水定额	$-0.198**$	$-0.186**$	$0.221**$
景观多样性		$0.731**$	$-0.864**$
景观破碎度			$0.896**$

＊＊　表示相关性为极显著水平，$P<0.01$。

植被生态需水定额与景观多样性、景观破碎度及景观连通性之间均表现出了极显著的相关性。植被生态需水定额与景观多样性、景观破碎度表现出了极显著的负相关，相关指数分别为

－0.198和－0.186，说明植被生态需水定额增加，将导致景观多样性和景观破碎度的下降；植被生态需水定额与景观连通性表现出了极显著的正相关，相关指数为0.221，说明植被生态需水定额增加，将使得景观的连通性上升。此外，景观多样性、景观破碎度和景观连通性彼此间也呈现了极显著的相关性。

第六章　对　策　与　建　议

岩溶峰丛洼地区，水文地质条件特殊、地形复杂破碎、岩溶发育强烈、生态系统脆弱，导致该地区的"雨水""地表水"和"地下水"相互间转换频繁，直接影响和控制不同介质环境拦水、蓄水的分配状况，导致了局部区域存在严重的生态缺水现象。

本书以广西岩溶峰丛洼地区为研究案例，提出了峰丛洼地区的植被生态需水/生态缺水定额计算方法，进行了区域生态需水/缺水量的空间模拟和预测，为开展"三水"转换规律研究提供了理论基础，为建立广西峰丛洼地水资源综合利用技术体系和优化配置区域生态需水、经济需水和灌溉用水等提供技术支持和理论依据。

面向峰丛洼地区域水资源综合利用与可持续发展的重大需求，本书主要结论与建议如下：

（一）保育天然植被格局，提高景观多样性

天然植被生态系统是生物与其周围环境长期适应的结果，具有较强的抗逆性特点，对维护区域生态系统稳定性与生态安全具有重要的贡献，尤其是生态脆弱区域。广西岩溶峰丛洼地区域分布的天然植被，如青冈、浆果楝和五节芒等，对于这一区域缺水、土壤贫瘠等恶劣环境具有较强的适应能力。因此，以生态保育为主，维护好现有天然植被生态格局，逐步改善并恢复人类活动干扰较为严重区域的天然植被，是维护岩溶峰丛洼地区域生态系统稳定性的重要途径。

天然植被生存的重要条件就是有充足的水分供给，包括适宜的地下水位和有效的降水。本研究结果表明，植被生态需水与区域景观格局之间存在显著的响应与反馈关系，植被生态需水与景观多样性、景观破碎度表现出了极显著的负相关，相关指数分别

为 -0.198 和 -0.186，说明植被生态需水增加，将导致景观多样性和景观破碎度的下降；植被生态需水与景观连通性表现出了极显著的正相关，相关指数为 0.221，说明植被生态需水增加，将使得景观的连通性上升。

基于上述成果，在广西岩溶峰丛洼地区的生态保育与生态管理过程中，可结合生态与景观规划原理，增加景观多样性，丰富景观要素在空间上的构成与配置，以降低区域植被的生态需水量。

（二）以灌木和乔木为主，优化配置植被类型

天然植被具有重要的水源涵养功能，能通过冠层截持、枯枝落叶层截持和土壤截持等方式，对降水进行截留。这样的截留过程，一方面可减少降水进入地下水或形成地表径流的量，另一方面，可减缓降水进入地下水或形成地表径流的时间。这两方面的贡献，对于广西岩溶峰丛洼地区域的植被来说都是非常重要的，因为这一区域降水集中、土层薄弱，降水与地表水、地下水之间转换快速，导致水分迅速流失，很难满足植被生态系统自身对于水分的需求，而导致了严重的生态缺水，因此，为实现生态系统和水资源的可持续和高效管理，应充分发挥自然植被的水源涵养功能。

优化配置植被种类与构成，是充分发挥天然植被水源涵养功能的重要举措。在相同的自然环境条件下，乔木的水源涵养功能最佳，其次是灌木和草本，农田的水源涵养功能较低，甚至可以忽略。同时，本研究结果表明，草本植物，如五节芒，在整个生长周期内，生态需水定额最大；其次是乔木的生态需水定额次之，灌木的生态需水定额最小，田东和凤山样点的植被都呈现了相同的特征。

由于水分缺失、土壤贫瘠且土层薄弱，均综合说明了这一区域植被类型的选择与生态恢复，应以灌木为主，乔木为辅，如浆果楝、水红木等。

（三）建立长期观测站，实现动态监测与管理

广西岩溶峰丛洼地区处于珠江上游，生态地位重要，是我国实施西部大开发战略中生态建设的关键区域之一。建立峰丛洼地区生态需水定位观测站，对于合理调配区域生态用水与生产用水、生活用水的关系，提高水资源利用效益和生态建设成效具有重要意义。基于本研究成果，植被覆盖度、叶面积指数、空气温湿度、土壤田间持水量和土壤容重等，均与植被生态需水呈现了显著或极显著的相关性，应纳入长期定位观测站的主要监测指标；基于这些指标的监测，可进一步分析：①生态系统结构及林相变化与水分供给的关系；②不同类型区生态环境需水的形成过程、机理；③不同类型区水分循环过程及植被适宜性实验模拟。

此外，重视"3S"技术（GIS、GPS、RS）在区域植被生态需水测算和计算中的应用。岩溶峰丛洼地区自然条件复杂，生境类型繁多，采用传统的人工方法测定研究植被生态需水耗时费力。本书采用遥感技术，模拟了田东县植被生态需水在空间上的分布情况，研究结果有助于管理决策部门直观的了解区域层面上的植被生态需水特征及生态需水热点区域。

总的来看，采用"3S"技术，并借助定位观测站监测的数据，来研究区域的植被生态需水，可以使研究过程动态化，研究结果定位化、定量化，将为区域的水资源管理与可持续发展决策提供更直观、更快速、更准确的科学依据。

附录 调查区域植物物种名录

序号	中文名称	拉丁文名称	所属科	生境
1	赤杨叶	*Alniphyllum fortunei*（Hemsl.）Perkins var. *fortunei*	安息香科	
2	芭蕉	*Musa basjoo Sieb. et Zucc.*	芭蕉科	人工种植
3	香蕉	*Musa basjoo Sieb. et Zucc.*	芭蕉科	人工种植
4	长托菝葜	*Smilax ferox Wall*	菝葜科	
5	山麦冬	*Liriope spicata*（Thunb.）Lour.	百合科	
6	柏木	*Cupressus funebris Endl.*	柏科	人工种植
7	柞木	*Xylosma congestum*（Lour.）Merr.	大风子科	
8	伊桐	*Itoa orientalis Hemsl.*	大风子科	
9	肥牛树	*Cephalomappa sinensis*（chun et How）Kosterm.	大戟科	
10	银柴	*Aporusa dioica*（Roxb.）Muell. Arg.	大戟科	
11	木薯	*Manihot esculenta Crantz*	大戟科	人工种植
12	圆叶乌桕	*Sapium rotundifolium Hemsl.*	大戟科	
13	红背山麻杆	*Alchornea trewioides var. trewioides*	大戟科	
14	油桐	*Vernicia fordii*（Hemsl.）Airy Shaw	大戟科	人工种植
15	蝴蝶果	*Cleidiocarpon cavaleriei*（Lévl.）Airy Shaw	大戟科	人工种植
16	重阳木	*Bischofia javanica Bl.*	大戟科	
17	铁海棠（虎刺梅）	*Euphorbia milii Ch. des Moulins*	大戟科	
18	亮叶岩（崖）豆藤	*Callerya nitida var. minor Z. Wei*	蝶形花科	
19	象鼻藤	*Dalbergia mimosoides Franch.*	蝶形花科	
20	蚬木	*Burretiodendron hsienmu Chun et How.*	椴树科	
21	黄麻	*Corchorus capsularis L.*	椴树科	人工种植
22	刺蒴麻	*Triumfetta rhomboidea Jacq.*	椴树科	

序号	中文名称	拉丁文名称	所属科	生境
23	野独活	*Miliusa balansae Finet.*	番荔枝科	
24	假鹰爪	*Desmos chinensis Lour.*	番荔枝科	
25	海红豆	*Adenanthera pavonina Linn. var. micro-sperma*	含羞草科	
26	蛇藤/羽叶金合欢	*Acacia pennata（Linn.）Willd.*	含羞草科	
27	野香茅	*Cymbopogon goeringii（Steud.）A. Ca-mus*	禾本科	
28	纤毛鸭嘴草	*Ischaemum aristatum Linn.*	禾本科	
29	五节芒	*Miscanthus floridulus（Labill.）Warb. ex Schum et Laut.*	禾本科	
30	白茅	*Imperata cylindrica（Linn.）Raeuschel. var. major（Nees）C. E. Hubb.*	禾本科	
31	金茅	*Eulalia speciosa（Debeaux）O. Ktze.*	禾本科	
32	四脉金茅	*Eulalia quadrinervis（Hack.）O. Ktze. var. quadrinervis*	禾本科	
33	刺芒野古草	*Arundinella setosa Trin.*	禾本科	
34	类芦	*Neyraudia reynaudiana（Kunth）Keng ex Hitchc.*	禾本科	
35	斑茅	*Saccharum arundinaceum Retz.*	禾本科	
36	金竹	*Phyllostachy*	禾本科	人工种植
37	甘蔗	*Saccharum officinarum Linn.*	禾本科	人工种植
38	毛竹	*Phyllostachy edulis（Carr.）H. de Lehaie*	禾本科	人工种植
39	凉山慈竹	*Bambusa emeiensis Chia et H. L. Fung*	禾本科	适宜种植
40	龙须草/拟金茅	*Eulaliopsis binata（Retz.）C. E. Hubb.*	禾本科	
41	柳叶箬	*Isachne globosa（Thunb.）O. Ktze.*	禾本科	
42	荩草	*Arthraxon hispidus（Thunb.）Makino*	禾本科	
43	圆果化香树	*Platycarya longipes Y. C. Wu*	胡桃科	石灰岩

102

序号	中文名称	拉丁文名称	所属科	生境
44	广顺鹅耳枥	*Carpinus*	桦木科	石灰岩
45	亮叶桦	*Betula luminifera H. Winkl.*	桦木科	
46	旱冬瓜	*Alnus nepalensis D. Don*	桦木科	
47	檵木	*Loropetalum chinense（R. Br.）Oliv.*	金缕梅科	
48	马蹄荷	*Symingtonia populnea （ R. Br.） van Steen.*	金缕梅科	适宜种植
49	缺萼枫香	*Liquidambar acalycina Chang*	金缕梅科	
50	青皮	*Schoepfia jasminodora Sieb. et Zucc. var. jasminodora*	金缕梅科	
51	枫香	*Liquidambar formosana Hance*	金缕梅科	
52	地桃花	*Urena lobata Linn. var. lobata*	锦葵科	
53	西域旌节花	*Stachyurus himalaicus Hook. f. et Thoms. ex. Benth. var. himalaicus*	旌节花科	
54	千里光	*Senecio scandens Buch. – Ham . ex DC var scanders*	菊科	
55	薄叶卷柏	*Selaginella delicatula（Desv.）Alston*	卷柏科	
56	芒萁	*Dicranopteris pedata（Houtt.）Nakaike*	蕨类植物	
57	肾蕨	*Nephrolepis auriculata（L.）Trimen*	蕨类植物	
58	铁线蕨	*Adiantum capillus-veneris L.*	蕨类植物	
59	石苇	*Pyrrosia lingua（Thunb.）Farwell*	蕨类植物	
60	槲蕨	*Drynaria fortunei （Kunze ex Mett.） J. Sm.*	蕨类植物	
61	青冈	*Cyclobalanopsis glauca（Thunb.）Oersted*	壳斗科	
62	刺栲	*Castanopsis hystrix A. DC.*	壳斗科	
63	越南栲	*Castanopsis annamensis Hick. et A. Camus*	壳斗科	
64	多穗石栎	*Lithocarpus polystachyus（Wall.）Rehd.*	壳斗科	
65	亮叶水青冈	*Fagus longipetiolata Seem.*	壳斗科	
66	栓皮栎	*Quercus variabilis Bl.*	壳斗科	

序号	中文名称	拉丁文名称	所属科	生境
67	麻栎	*Quercus acutissima Carr.*	壳斗科	
68	板栗	*Castanea mollissima Bl.*	壳斗科	人工种植
69	米心水青冈	*Fagus engleriana Seem.*	壳斗科	
70	白栎	*Quercus fabri Hance*	壳斗科	
71	香椿	*Toona sinensis（A. Juss.）Roem. var. sinensis.*	楝科	适宜种植
72	灰毛浆果楝	*Cipadessa cinerascens（Pellegr.）Hand. - Mazz*	楝科	
73	紫椿（小果香椿）	*Toona microcarpa（C. DC.）Harms*	楝科	
74	擎天树	*Parashorea chinensis Wang Hsie. var. guangxiensis Lin Chi*	龙脑香科	
75	狭叶坡垒	*Hopea chinensis*	龙脑香科	
76	岩棕	*Dracaena lowreiri Gagn.*	龙血树科	
77	小花龙血树	*Dracaena cambodiana Pierre ex Gagnep*	龙血树科	
78	黄荆	*Vitex negundo Linn. f. negundo*	马鞭草科	
79	黄荆	*Vitex negundo Linn. f. negundo*	马鞭草科	
80	大叶紫珠	*Callicarpa macrophlla Vahl*	马鞭草科	
81	马桑	*Coriaria nepalensis Wall.*	马桑科	
82	野棉花	*Anemone vitifolia Buch. - Ham. ex DC.*	毛茛科	
83	威灵仙	*Clematis chinensis Osbeck.*	毛茛科	
84	鹅掌楸	*Liriodendron chinense（Hemsl.）Sargent*	木兰科	
85	厚朴	*Magnolia officinalis Rehd. et Wils.*	木兰科	
86	木莲	*Manglietia fordiana Oliv.*	木兰科	适宜种植
87	小叶女贞	*Ligustrum quihoui Carr.*	木犀科	
88	丛林素馨	*Jasminum duclouxii（Lévl.）Rehd.*	木犀科	
89	黄连木	*Pistacia chinensis Bunge*	檝树科	石灰岩
90	林生杧果	*Mangifera sylvatica Boxb.*	漆树科	

序号	中文名称	拉丁文名称	所属科	生境
91	南酸枣	*Choerospondias axillaris*（*Roxb.*）*Burtt et Hill.*	漆树科	
92	苎麻	*Boehmeria nivea*（*L.*）*Gaud. var. nivea*	荨麻科	人工种植
93	臀形果	*Pygeum topengii Merr*	蔷薇科	
94	梨	*Pyrus pashia Buch. – Ham. var. pashia*	蔷薇科	人工种植
95	小果蔷薇	*Rosa cymosa Tratt.*	蔷薇科	
96	火棘	*Pyracantha fortuneana*（*Maxim.*）*Li*	蔷薇科	
97	三叶悬钩子	*Rubus delavayi Franch.*	蔷薇科	
98	中华绣线菊	*Spiraea chinensis Maxim.*	蔷薇科	
99	小叶忍冬	*Lonicera microphylla Willd. ex Roem. et Schult.*	忍冬科	
100	金银忍冬	*Lonicera maackii*（*Rupr.*）*Maxim. form. Maackii*	忍冬科	
101	糯米条	*Abelia chinensis R. Br.*	忍冬科	
102	二色桂木（波罗蜜）	*Artocarpus styracifolius Pierre*	桑科	
103	桑葚	*Morus alba L.*	桑科	
104	地石榴	*Ficus tikoua Bur.*	桑科	
105	木荷	*Schima*	山茶科	适宜种植
106	红木荷	*Schima wallichii*（*DC.*）*Korthals*	山茶科	
107	银木荷	*Schima argentea Pritz.*	山茶科	
108	油茶	*Camellia oleifera Abel*	山茶科	人工种植
109	梭子果	*Eberhardtia aurata*（*Pierre ex Dubard*）*Lecte.*	山榄科	
110	秃杉	*Taiwania flousiana Gaussen*	杉科	
111	杉木	*Cunninghamia lanceolata*（*Lamb.*）*Hook.*	杉科	人工种植
112	柿	*Diospyros kaki Thunb. var. kaki*	柿树科	人工种植
113	小叶山柿（石柿）	*Diospyros dumetorum W. W. Sm.*	柿树科	

序号	中文名称	拉丁文名称	所属科	生境
114	柿	*Diospyros kaki Thunb. var. kaki*	柿树科	
115	枣	*Ziziphus jujuba Mill. var. jujuba*	鼠李科	人工种植
116	对节刺	*Sageretia theezans*	鼠李科	
117	勾儿茶	*Berchemia sinca Schneid.*	鼠李科	
118	黄枝油杉	*Keteleeria*	松科	
119	油杉	*Keteleeria*	松科	
120	细叶云南松	*Pinus yunnanensis Franch. var. yunnanensis*	松科	
121	马尾松	*Pinus massoniana Lamb.*	松科	
122	思茅松	*Pinus kesiya Roylc ex Gord. var. langbianensis（A. Chev.）Gaussen*	松科	
123	翅荚木	*Zenia insignis Chun*	苏木科	适宜种植
124	番石榴	*Psidium guajava Linn.*	桃金娘科	
125	岗松	*Baeckea frutescens L.*	桃金娘科	
126	五瓣子楝树	*Decaspermum parviflorum（Lam.）A. J. Scott*	桃金娘科	
127	桃金娘	*Rhodomyrtus tomentosa（Ait.）Hassk.*	桃金娘科	
128	桃金娘	*Rhodomyrtus tomentosa（Ait.）Hassk.*	桃金娘科	
129	金丝李	*Garcinia paucinervis Chun et How*	藤黄科	
130	南蛇藤	*Celastrus orbiculatus L.*	卫矛科	
131	柄果木	*Mischocarpus fuscescens Bl.*	无患子科	
132	荔枝	*Litchi chinensis Sonn.*	无患子科	人工种植
133	龙眼	*Dimocarpus longan Lour. var. longan*	无患子科	人工种植
134	粗毛楤木	*Aralia searelliana Dunn*	五加科	
135	广西鹅掌柴	*Schefflera kwangsiensis Merr. ex Li*	五加科	
136	火龙果	*Hylocereus undulatus Britt.*	仙人掌科	
137	蜜桶花	*Brandisia hancei Hook. f.*	玄参科	
138	响叶杨	*Populus adenopoda Maxim. var. adenopoda f. adenopoda*	杨柳科	

序号	中文名称	拉丁文名称	所属科	生境
139	尖子木	Oxyspora paniculata（D. Don）DC.	野牡丹科	
140	银杏	Ginkgo biloba Linn.	银杏科	人工种植
141	越南榆	Ulmus tonkinensis Gagnep.	榆科	
142	榔榆	Ulmus parvifolia Jacq.	榆科	
143	青檀(翼朴)	Pteroceltis tatarinowii Maxim.	榆科	石灰岩
144	朴树	Celtis sinensis Pers.	榆科	石灰岩
145	麻轧木/龙眼参	Lysidice rhodostegia Hance	云实科	
146	皂荚	Gleditsia fera（Lour.）Merr.	云实科	
147	假老虎簕	Caesalpinia nuga	云实科	
148	云实	Caesalpinia decapetala（Roth.）Alst.	云实科	
149	无忧花	Saraca dives Pierre	云实科	
150	红毛羊蹄甲	Bauhinia blakeana Dunn	云实科	
151	龙须藤	Bauhinia championii（Benth.）Benth.	云实科	
152	两面针	Zanthoxylum nitidum（Roxb.）DC.	芸香科	
153	毛叶花椒	Zanthoxylum bungeanum Maxim. var. pubescens Huang	芸香科	
154	粘木	Ixonanthes chinensis Champ.	粘木科	
155	硬叶樟	Cinnamomum calcareum	樟科	
156	纳槁润楠	Machilus nakao S. Lee	樟科	
157	檫木	Sassafras tzumu（Hemsl.）Hemsl.	樟科	适宜种植
158	樟树	Cinnamomum camphora（Linn.）Presl	樟科	适宜种植
159	鱼尾葵	Caryota ochlandra Hance；Merr. et Chun	棕榈科	
160	桃榔	Arenga westerhoutii Griff	棕榈科	

参 考 文 献

[1] 何婷. 淮河流域中下游典型河段生态水文机理与生态需水计算 [D]. 北京：中国水利水电科学研究院，2013.

[2] Gleick Peter H. basic water requirements for human activities：meeting basic needs [J]. Water international，1996，21（2）：83 - 92.

[3] 陈敏建，丰华丽，李和跃. 松辽流域生态需水研究 [M]. 北京：中国水利水电出版社，2009.

[4] 王浩，陈敏建，秦大庸. 西北地区水资源合理配置和承载能力研究 [M]. 郑州：黄河水利出版社，2003.

[5] 陈敏建，丰华丽，王立群. 中国分区域生态用水标准研究. 国家"十五"科技攻关计划课题，2005.

[6] 刘昌明，门宝辉，宋进喜. 河道内生态需水量估算的生态水力半径法 [J]. 自然科学进展. 2007，17（1）：42 - 48.

[7] 赵长森，刘昌明，夏军，等. 闸坝河流河道内生态需水研究——以淮河为例 [J]. 自然资源学报，2008，23（3）：400 - 411.

[8] 张强，李剑锋，陈晓宏，等. 水文变异下的黄河流域生态流量 [J]. 生态学报，2011，31（17）：4826 - 4834.

[9] 陆晴，刘丽娟，王玉刚，等. 新疆三工河流域农业绿洲近 30a 景观格局变化及其驱动力 [J]. 生态学杂志，2013，32（3）：748 - 754.

[10] 姜亮亮，包安明，刘海隆，等. 玛纳斯流域生态需水变化与景观格局的响应关系研究 [J]. 水土保持研究，2015，22（3）：143 - 149.

[11] 杨静，陈洪松，聂云鹏，等. 典型喀斯特峰丛洼地降雨特性及浅层地下水埋深变化特征 [J]. 水土保持学报，2012，26（5）：239 - 243.

[12] 欧阳资文，宋同清，彭晚霞，等. 广西岩溶峰丛洼地内涝现状分析与综合治理对策研究 [J]. 农业现代化研究，2011，32（1）：107 - 110.

[13] 黄玉莹，夏霆，陈静，等. 江苏省太湖流域河道外生态需水研究分析 [J]. 人民珠江，2016，37（7）：72 - 77.

[14] 张华君，魏涛. 公路典型草坪植物需水规律试验研究 [J]. 交通建设与管理，2009（9）：130 - 134.

[15] 何永涛，闵庆文，李文华. 植被生态需水研究进展 [J]. 资源科学，

2005, 27 (4): 8 - 13.

[16] 郝博, 贾晓玲, 马孝义. 甘肃省民勤县天然植被生态需水研究 [J]. 西北农林科技大学学报 (自然科学版), 2010, 38 (2): 158 - 164.

[17] 邱振存, 管健. 园林绿化植物灌溉需水量估算 [J]. 节水灌溉, 2011 (4): 48 - 54.

[18] Jensen M E. Consumptive use of water and irrigative water requirements. New York: American society of civil engineers, 1973.

[19] 王芳, 梁瑞驹, 杨小柳, 等. 中国西北地区生态需水研究——干旱半干旱地区生态需水理论分析 [J]. 自然资源学报, 2002, 17 (1): 1 - 8.

[20] 苏维词. 中国西南喀斯特山区生态需水概述 [J]. 贵州科学, 2006, 24 (1): 14 - 19.

[21] 杨胜天, 王玉娟, 吕涛, 等. 喀斯特地区植被生态需水定额、定量研究——以贵州中部地区为例 [J]. 现代地理科学与贵州社会经济, 2009: 48 - 53.

[22] 刘新华, 徐海量, 凌红波, 等. 塔里木河下游生态需水估算 [J]. 中国沙漠, 2013, 33 (4): 1198 - 1205.

[23] 马绎皓, 申双和, 马鹏里, 等. 甘肃省麦积山景区生态需水特征研究 [J]. 中国农学通报, 2014, 30 (17): 250 - 255.

[24] 王改玲, 王青杵, 石生新. 山西省永定河流域林草植被生态需水研究 [J]. 自然资源学报, 2013, 28 (10): 1743 - 1753.

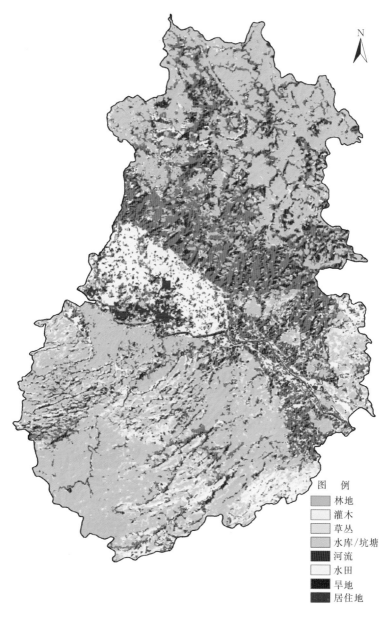

图 例

林地

灌木

草丛

水库/坑塘

河流

水田

旱地

居住地

图 4-10　田东县土地利用现状图

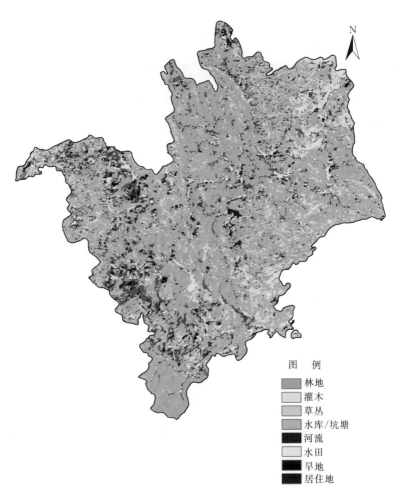

图 例

林地
灌木
草丛
水库/坑塘
河流
水田
旱地
居住地

图 4-11 凤山县土地利用现状图

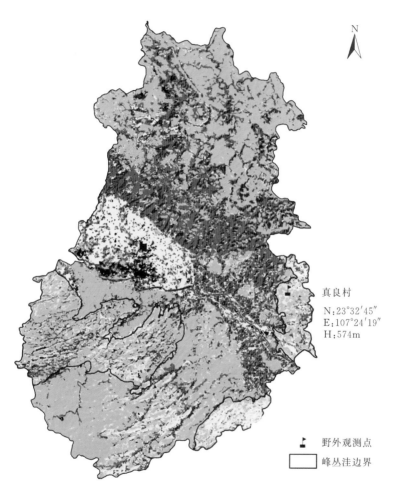

N

真良村
N:23°32′45″
E:107°24′19″
H:574m

野外观测点
峰丛洼边界

图 4-12　田东县峰丛洼地分布及野外观测点

113

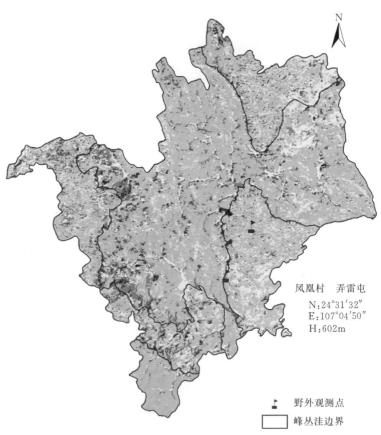

N

凤凰村　弄雷屯
N：24°31′32″
E：107°04′50″
H：602m

▟　野外观测点
☐　峰丛洼边界

图 4 - 13　凤山县峰丛洼地分布及野外观测点

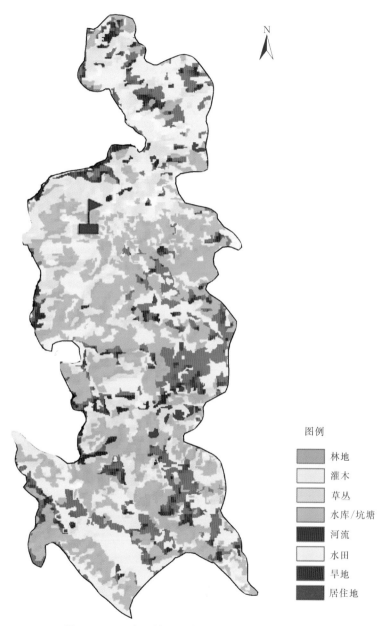

图例

林地
灌木
草丛
水库/坑塘
河流
水田
旱地
居住地

图 4-14 田东县样区（真良村）土地构成空间分布

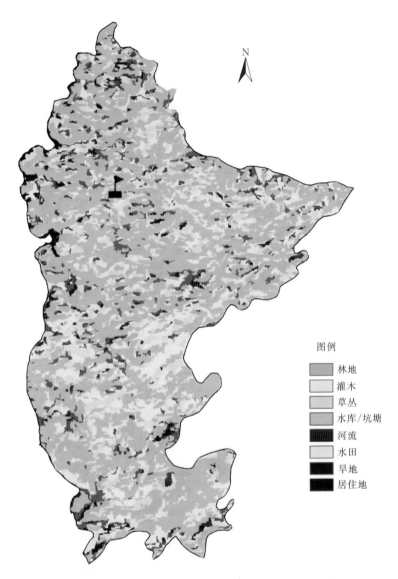

N

图例

	林地
	灌木
	草丛
	水库/坑塘
	河流
	水田
	旱地
	居住地

图 4 - 15　凤山县样区（凤凰村弄雷屯）土地构成空间分布

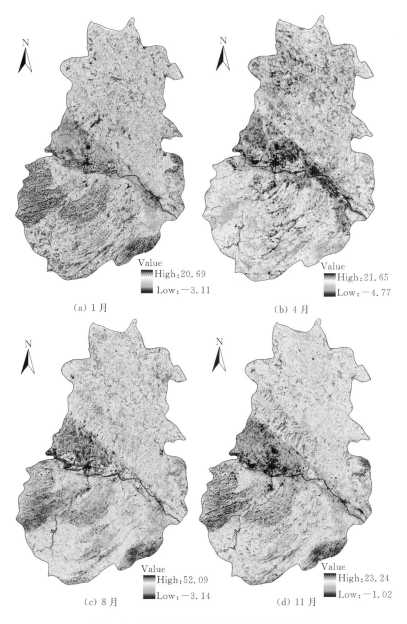

Value
High:20.69
Low:-3.11

(a) 1 月

Value
High:21.65
Low:-4.77

(b) 4 月

Value
High:52.09
Low:-3.14

(c) 8 月

Value
High:23.24
Low:-1.02

(d) 11 月

图 5-1　田东县植被生态需水定额空间特征

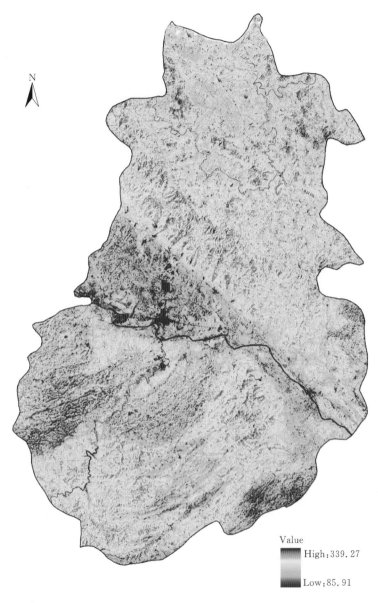

N

Value
High:339.27

Low:85.91

图 5 - 2 田东县植被生态需水年度定额空间特征

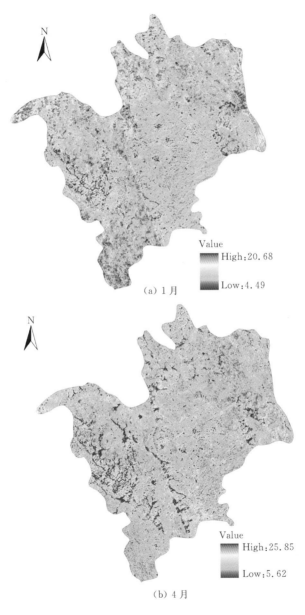

Value
High:20.68
Low:4.49

（a）1月

Value
High:25.85
Low:5.62

（b）4月

图 5 - 3（一） 凤山县植被生态需水定额空间特征

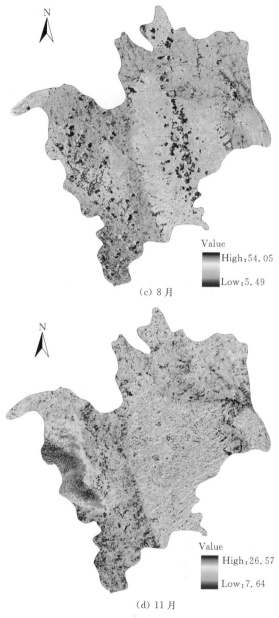

Value
High:54.05
Low:5.49

(c) 8 月

Value
High:26.57
Low:7.64

(d) 11 月

图 5 - 3（二） 凤山县植被生态需水定额空间特征

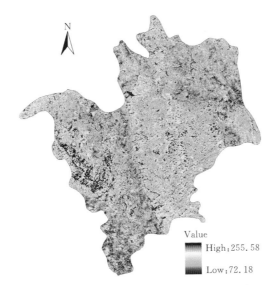

N

Value
High:255.58
Low:72.18

图 5 - 4　凤山县植被生态需水年度定额空间特征

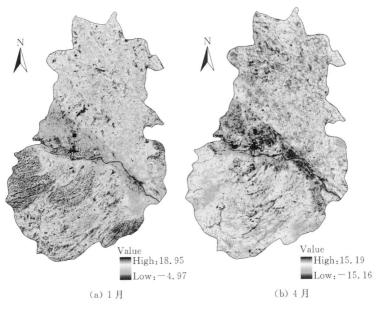

N

N

Value
High:18.95
Low:-4.97

Value
High:15.19
Low:-15.16

(a) 1 月

(b) 4 月

图 5 - 5（一）　田东县植被生态缺水定额空间特征

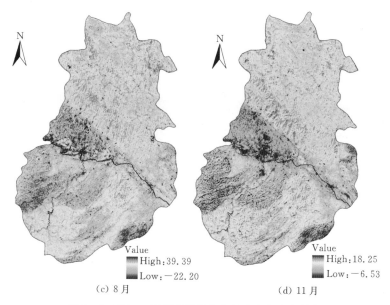

Value
High: 39.39
Low: −22.20

(c) 8 月

Value
High: 18.25
Low: −6.53

(d) 11 月

图 5 - 5 （二）　田东县植被生态缺水定额空间特征

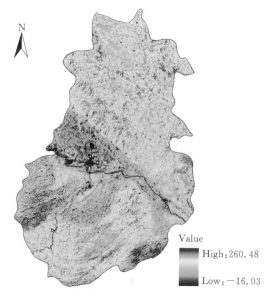

Value
High: 260.48

Low: −16.03

图 5 - 6　田东县植被生态缺水定额空间特征

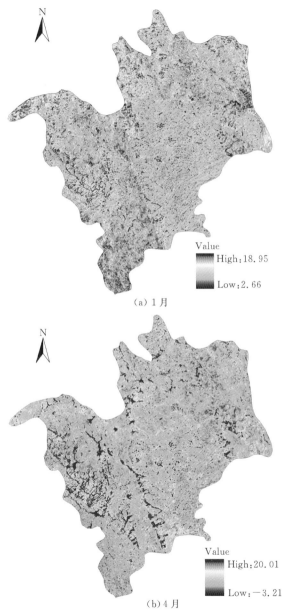

Value
High:18.95
Low:2.66

(a) 1 月

Value
High:20.01
Low:-3.21

(b) 4 月

图 5-7 (一)　凤山县植被生态缺水定额空间特征

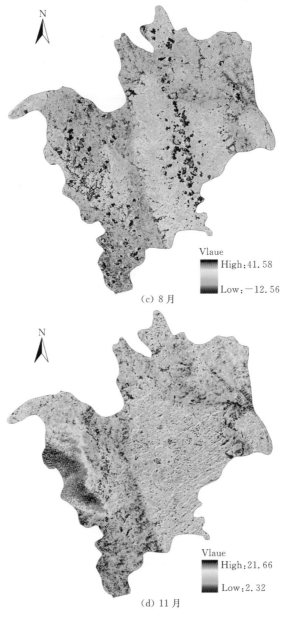

(c) 8 月

(d) 11 月

图 5-7（二）　凤山县植被生态缺水定额空间特征

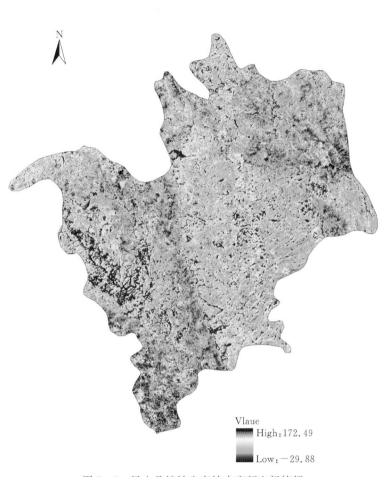

N

Vlaue
High：172.49

Low：-29.88

图 5-8 凤山县植被生态缺水定额空间特征

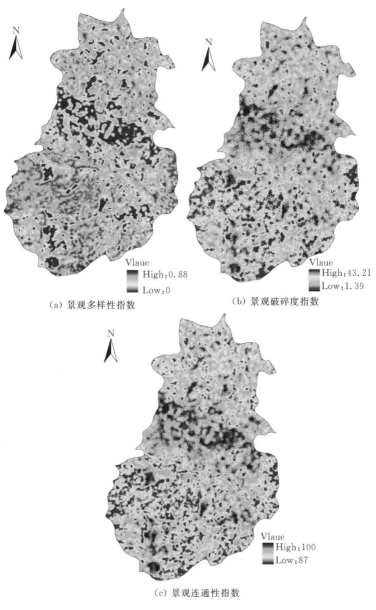

Vlaue
High:0.88
Low:0

（a）景观多样性指数

Vlaue
High:43.21
Low:1.39

（b）景观破碎度指数

Vlaue
High:100
Low:87

（c）景观连通性指数

图 5-9　田东县景观格局指数空间分布